颜氏家训 一位父亲的叮咛

卢建荣 编著

江苏凤凰文艺出版社

图书在版编目（CIP）数据

颜氏家训：一位父亲的叮咛 / 卢建荣编著. — 南京：江苏凤凰文艺出版社，2024.6
ISBN 978-7-5594-8636-3

Ⅰ.①颜… Ⅱ.①卢… Ⅲ.①《颜氏家训》 Ⅳ.①B823.1

中国国家版本馆CIP数据核字(2024)第091164号

著作权合同登记号：10-2024-109

版权所有 © 时报文化出版公司
本书版权经由时报文化出版公司授权北京时代华语国际传媒股份有限公司简体中文版，委托英商安德鲁纳伯格联合国际有限公司代理授权。非经书面同意，不得以任何形式任意重制、转载。

颜氏家训：一位父亲的叮咛

卢建荣　编著

责任编辑	项雷达
图书策划	宁炳辉　蔺亚丁
特约编辑	唐鲁利
装帧设计	时代华语设计组
出版发行	江苏凤凰文艺出版社
	南京市中央路165号，邮编：210009
网　　址	http://www.jswenyi.com
印　　刷	三河市宏图印务有限公司
开　　本	880毫米×1230毫米　1/32
印　　张	6.5
字　　数	148千字
版　　次	2024年6月第1版
印　　次	2024年6月第1次印刷
书　　号	ISBN 978-7-5594-8636-3
定　　价	55.00元

江苏凤凰文艺版图书凡印刷、装订错误，可向出版社调换，联系电话025-83280257

总序
用经典滋养灵魂

龚鹏程

每个民族都有它自己的经典。经，指其所载之内容足以作为后世的纲维；典，谓其可为典范。因此它常被视为一切知识、价值观、世界观的依据或来源。早期只典守在神巫和大僚手上，后来则成为该民族累世传习、讽诵不辍的基本典籍，或称核心典籍，甚至是"圣书"。

中国文化总体上的经典是六经：《诗》《书》《礼》《乐》《易》《春秋》。依此而发展出来的各个学门或学派，另有其专业上的经典，如墨家有其《墨经》。老子后学也将其书视为经，战国时便开始有人替它作传、作解。兵家则有其《武经七书》。算家亦有《周髀算经》等所谓《算经十书》。流衍所及，竟至喝酒有《酒经》，饮茶有《茶经》，下棋有《弈经》，相鹤相马相牛亦皆有经。此类支流稗末，固然不能与六经相比肩，但它们代表了在各自那一个领域中的核心知识地位，是很显然的。

我国历代教育和社会文化，就是以六经为基础来发展的。直到清末废科举、立学堂以后才产生剧变。但当时新设的学堂虽仿洋制，却仍保留了读经课程，以示根本未隳。辛亥革命后，蔡元培担任教育总长才开始废除读经。接着，他主持北京大学时出现的新文化运动更进一步发起对传统文化的攻击。趋势竟由废弃文言，提倡白话文学，一直走到深入的反传统中去。

台湾的教育发展和社会文化意识，其实也一直以延续五四精神自居，故其反传统气氛及其体现于教育结构中者，与大陆不过程度略异而已，仅是社会中还遗存着若干传统社会的礼俗及观念罢了。后来，台湾才惕然警醒，开始提倡"文化复兴运动"，在学校课程中增加了经典的内容。但不叫读经，乃是摘选"四书"为《中国文化基本教材》，以为补充。另成立"文化复兴委员会"，开始做经典的白话注释，向社会推广。

文化复兴运动之功过，诚乎难言，此处也不必细说，总之是虽调整了西化的方向及反传统的势能，但对社会民众的文化意识，还没能起到普遍警醒的作用；了解传统、阅读经典，也还没成为风气或行动。

20世纪70年代后期，高信疆、柯元馨夫妇接掌了当时台湾第一大报《中国时报》的副刊与出版社编务，针对这个现象，遂策划了《中国历代经典宝库》这一大套书。精选影响人们最为深远的典籍，包括了六经及诸子、文艺各领域的经典，遍邀名家为之疏解，并附录原文以供参照，一时社会震动，风气丕变。

其所以震动社会，原因一是典籍选得精切。不蔓不枝，能体现传统文化的基本匡廓。二是体例确实。经典篇幅广狭不一、深浅悬隔，如《资治通鉴》那么庞大，《尚书》那么深奥，它们跟小说戏曲是截然不同的。如何在一套书里，用类似的体例来处理，很可以看出编辑人的功力。三是作者群涵盖了几乎全台湾的学术精英，群策群力，全面动员。这也是过去所没有的。四是编审严格。大部丛书，作者庞杂，集稿统稿就十分重要，否则便会出现良莠不齐之现象。这套书虽广征名家撰作，但在审定正讹、统一文字风格方面，确乎花了极大气力。再加上撰稿人都把这套书当成是写给自己子弟看的传家宝，写得特别矜慎，成绩当然非其他的书所能比。五是当时高信疆夫妇利用报社传播之便，将出版与报纸媒体做了最好、最彻底的结合，使得这套书成了家喻户晓、众所翘盼的文化甘霖，人人都想一沾法雨。六是当时出版采用豪华的小牛皮烫金装帧，精美大方，辅以雕花木柜。虽所费不赀，却是经济刚刚腾飞时一个中产家庭最好的文化陈设，书香家庭的想象，由此开始落实。许多家庭乃因买进这套书，仿佛种下了诗礼传家的根。

高先生综理编务，辅佐实际的是周安托兄。两君都是诗人，且侠情肝胆照人。中华文化复起、国魂再振、民气方舒，则是他们的理想，因此编这套书，似乎就是一场织梦之旅，号称传承经典，实则意拟宏开未来。

我很幸运，也曾参与到这一场歌唱青春的行列中，去贡献微末。先是与林明峪共同参与黄庆萱老师改写《西游记》的工作，继而再协助安托统稿，推敲是非，斟酌文辞。对整套书说不上有什么助益，自己倒是收获良多。

书成之后，好评如潮，数十年来一再改版翻印，直到现在。经典常读常新，当时对经典的现代解读目前也仍未过时，依旧在散光发热，滋养民族新一代的灵魂。只不过光阴毕竟可畏，安托与信疆俱已逝去，来不及看到他们播下的种子继续发芽生长了。

当年参与这套书的人很多，我仅是其中一员小将。聊述战场，回思天宝，所见不过如此，其实说不清楚它的实况。但这个小侧写，或许有助于今日阅读这套书的读者理解该书的价值与出版经纬，是为序。

致读者书

卢建荣

亲爱的朋友:

就中国社会发展史观点来看,封建帝制以来的中国大体上经过三次大变动。隋唐以前的门第社会以及隋唐以后至清末的科举社会,分别属于前两变,而民国以来是一变。《颜氏家训》(简称《家训》)一书乃是门第社会穷途末路时期的产物,按说其中不合时宜的载记,一定越往后越多的。可怪的是,它竟不是这样。为什么呢?主要是此书涉及人类文化结晶之一——人际相处之道——相当丰富,因而有超时空的永恒性。

这本书经过唐宋时期的辗转传抄和翻刻,难免造成不少缺字、印错的地方;到了明清时期,便有许多藏书家出面重新校对后加以翻印,每次都请来许多名流学者写些序跋之类的捧场文字,其中有一次还劳动了颜之推第三十一代孙呢。

这本书历代以来佳评如潮,这主要是因为颜之推不以权威口吻讲理,让读者读了有亲切感。(这点很重要,伦理是要讲出一番道理的,不讲出一番道理的伦理课,恐怕很难让人信服。)偶有美中不足的评论,无非是以狭隘的儒家立场,去反对颜之推崇佛这一点。这对于没有宗教信仰的现代社会而言,不仅不是缺点,而且正好投合我们现代人的口味。

这本书能成为传世不朽之作的原因,除去颜之推所说之理极富永恒价值这一点,还有一个很隐秘的原因为民国以前读者所不敢明说的。基本上,《家训》是一本治家宝典,这是不会错的。但往更深一层去看,它还不仅是这样。那它是什么呢?那就是知识分子身处乱世的宝典,以及身处封建统治时期的宝典。

试看唐代中叶以后历朝历代的发展,不是战乱多于治平的日子,就是封建桎梏钳制思想的日子。这不是可与生长于战乱并饱尝专制统治之苦的颜之推取得共鸣吗?清初的顾炎武说到"(颜)之推不得已而仕于伪朝"这句话时,他是在告诉大家,他的痛苦跟颜之推是一样的呀!除非你不明白颜之推,否则你应该听得出他内心痛苦的嘶喊。

若以现代眼光来衡量这本书的价值及其在历史上应得的地位,我们可以这么说,对于较为侧重现实的中国古代社会(这话并非说中国古代没有高远的理想。中国古代的理想往往悬得过高,结果于落空之余,加上政治力的不断膨胀,遂演成虚饰之风)而言,作为一本实用性的书,它附骥于《论语》一书之后,当不成问题;亦即《论语》在中国名书排行榜上排第几名,《颜氏家训》也一定在它后面距离不远。而且,两书比较起来,《论语》对一般人来讲,稍嫌陈义过高,《家训》反而更为现实一点。就此而言,《家训》比《论语》对于民间一般人更派得上用场呢。如套用现代广告学,《家训》要登在报纸的广告栏上,它的广告词不妨这样写:"成家必读——你想成家吗?非读本书不可!"

再拿《论语》和《家训》两书加以比较，发现相同的是发扬并讲解与人相处的道理，只要人的社会存在一天，这种与人相处的道理就能存在一天。所不同的是，前者透过师生对话，后者则由父亲叮咛子弟，来完成传递人类文明的目的。如果孔子是万世师表的话，颜之推就是万世父表了。

在阅读《家训》改写本时，笔者建议你不妨先看颜之推的生平，次看本书正文，最后再看笔者所写有关他的思想部分。颜之推的思想部分稍嫌难读，不过读毕你会有所收获的。其余附录部分供读者参考之用。

最后，希望你阅完笔者的改写本后，会因我们的历史能出现颜之推这样的人为荣，以能产生《家训》这种书为傲。

目录

前言 / 01

颜之推——文化的理想主义者
　一、颜之推的生平 / 003
　二、颜之推的思想 / 008
　三、结论 / 034

颜氏家训
　一、竟历事件 / 039
　二、序致 / 043
　三、教子 / 047
　四、兄弟 / 053
　五、后娶 / 061
　六、治家 / 068
　七、慕贤 / 077

目录

八、勉学 /084

九、名实 /099

十、涉务 /107

十一、省事 /116

十二、止足 /123

十三、归心 /127

附录

附录一：观我生赋——颜之推自传 /139

附录二：《观我生赋》解析 /147

附录三：颜之推文章风格释例一则 /149

附录四：本书主要人物所据资料 /151

附录五：《颜氏家训》一书的历史地位 /155

附录六：颜之推的治学——佛学在颜氏思想中 /158

附录七：原典精选 /169

前　言

人谁无父母？而人谁不当父母？父母与子女之间该当如何相处？这是人类自有文明以来就有的老问题。在今天的社会，家长非男人的专利，女人也来与男人平分家长之权。在父代母职、母兼父业流行的今天，父母该如何统一步调来教育子女，又是当代人类拜进步文明之所赐的新问题。

关于父母如何与子女相处，以及如何教育子弟，传统中国自有其一套老办法，今日西方也有其一套新方式。个人以为，与其盲从地生吞活剥现代西洋方式的皮毛，不如重新"提炼"传统中国亲子教育的精神（而非形式），并取以作为奠定尔后创出适合国情新模式的基础。

由于原书说教味道很浓，而且是一位父亲直截了当告诫子弟的话，对于习于却厌于听训以及不是颜家子弟的读者，恐怕会望而生畏，甚或不忍卒读的。因此改写起来势必大费周章了。改写的目标，务期能：第一，易懂；第二，有趣。于是决定将原书颜之推一人"独白"形式，改为如今颜家家庭对话的小说体裁。

原书每章均有章旨，在我设计之下，每章出场人物的人选，以最能符合章旨为准。绝大部分颜之推是出场的，但也有不露面的时候，即使如此，也要让读者感到他幕后影响力之强烈。

原书共二十章，在此我只选十二章来改写。这里面我塑造出一位人物，其实本有其人，但史书语焉不详（本书附录载有他仅有的一点资料，供读者参考）。此人不是别人，就是颜之推的孙子——颜相时。唯其史载不详，才看准了这一点，而赋予了小说需要的性格，以助达成本书改写目标。

有道是："历史除了人名，全是假的；小说除了人名，都是真的。"我是将颜之推一生和《颜氏家训》融合起来写就本书的，书中构想的情节，尽可能符合当时所可能发生的情理中事。

读过柏拉图《理想国》后，非常遗憾中国缺乏这种论辩过程缜密的书，原想将本书论辩地方稍事设计得精细一点，但又担心读者不胜负荷，只得作罢，遂出以如今一般读者能力范围之内的情况。这对于喜研思想史的我，有着"弃我所长"的惋惜之感。

在改写过程中，我一直高悬以下三书：吉川英治的《水户黄门》、司马辽太郎的《花神》、尤金·奥尼尔（Eugene O'Neill）的《漫漫长夜路迢迢》，作为追求的最高境界。但是，写完后，自己掩卷叹息：并未做到！只有更加佩服上述三位作者的才情与慧识了。尤其是日本当今历史小说巨擘——司马辽太郎，我更是佩服得五体投地。他是读了《史记》之后，于佩服司马迁之余，改姓司马的。我佩服他，等于佩服司马迁，还是中国月亮圆！

本书第九、十两章得契友张正昌兄捉刀，使读者可以读到全书精华。我只将译成白话的资料和颜之推生平考证、解析所得给张兄，并告以各章写就的大致轮廓以及当时时代各种背景和人物造型，不想他不仅把我研究所得的资料加以充分利用不说，而且每一则资料的串联上都煞费了巧思，更属难能可贵；这还不算，他对于颜之推描绘之细腻，尤胜于我，实在令我欣喜若狂。

最后，关于古代官名方面，那些可以对照换成今名的，我便直接使用今名，如第一章所见的；但绝大部分古官名是很难做到此一地步的，我只好仍原封不动用它，于其下加个按语，稍做解释。这种前后的不一致，还请读者谅解。

以上乃是就撰写本书的缘由、过程、目的以及方式，向读者略做交代。好了，就此打住，以免耽误读者阅读本书的宝贵时间。

颜之推——文化的理想主义者

一、颜之推的生平

在世界史上,传统中国一向是家族主义的重镇,一般书香门第为子弟或子孙所作的保家训诫,口头的不计,光形诸文字的那也是多到不胜其读。在如此多的文字家训中,《颜氏家训》不但被许为成书开山之作,而且在质量上是压轴之作。

这本书的作者颜之推,诞生于距今1450年前的长江中游的江陵(今湖北荆州)城,该城自从3世纪时中国陷于长期南北分裂以来,一直是南方政权的军事中心,为仅次于首都——建业(即今江苏南京)的第二大城。

对于颜家人而言,江陵仍是客居的异乡,他们的故乡是琅邪郡临沂县(今山东临沂)。他们为何迁居南方呢?这就与当时整个东汉民族命运绾连上了。

4世纪20年代,中国历史舞台发生急遽变化。北方游牧民族瓦解了汉人的西晋政权,中国北方精华的中原地区从此沦于游牧民族之手,几达三世纪之久。大规模的汉人逃难人潮,从北方各地涌向南方。不久,继承西晋的东晋政权流亡到南方,在人心惶惶中逐渐茁壮,吸引了更多的北方流人。带有流亡性质的东晋政权,其基础建立在北方上层流人和南方土著大姓的合作上。颜家就是那么许多由北方逃到南方的上层流人家族中的一个。

颜家到了颜之推,已在江南流寓了九代。而南方汉人政权,已由东晋三易其主,历经刘宋、萧齐、萧梁,已是梁国的开国主——梁武帝——在位期间。

颜之推从出生到九岁，在江陵城度过了他的幼年和童年。他七岁启蒙，九岁丧父，遂改由他大哥负责抚养和教育。

他九岁那年，举家搬到作为南方政治中心兼文化中心的建业城，接触到儒、佛、玄三学以及艺术（包括文学、书法、绘画）。在此，他住了八年之久。

十七岁那年，他又回到江陵城。翌年，发生了惊天动地的"侯景之乱"，都城建业随即沦陷，梁武帝亦死于是难。

十九岁时，他以军功起家，开始服务公职，就在湘东萧绎麾下担任侍从秘书之类的工作。二十岁，他辅佐湘东王世子萧方诸，外出抵御东部侯景的叛军。第二年，萧方诸兵团为侯景叛军所败，颜之推本人被囚送建业，沿途几为人所杀。在这短短几年，颜之推有过下级事务官吏的幕僚行政经验。

到了建业，其妻生下长子，取名思鲁，意在思念老家。一年多后，来自西部的勤王军击溃侯景叛乱集团，颜之推才结束了他惶惑不堪的俘虏生涯。

当时梁朝将相大臣以建业新遭战火、饱受摧残为由，一致公决，迁都江陵。宗室萧绎被拥立为皇帝，是为梁元帝。颜之推恰好与他有渊源，这下好运当头了。梁元帝爱书如狂，大量收集图书秘本，借以弥补建业焚书之失。之推为他校书两年，得以尽读中国典籍。

之推时官散骑常侍，兼中书舍人，乃是皇帝侍从顾问；兼皇帝与宰相之间的决策联络官，属中级干部，为最高政务见习官，地位虽不高，却可与闻机密，故亦有决策经验。这时，之推才二十三四岁，可谓少年得志。

颜之推——文化的理想主义者

至此，之推学识与官运均蒸蒸日上不说，办事能力亦磨砺得相当老练。正当前途似锦之时，不料却惨遭亡国之祸，从此，他的人生高潮不再，迎面而来的是无尽的颠沛流离。

之推二十四岁那年，北方西魏政府遣军来攻打江陵。江陵于围城后第二十一天沦陷，梁元帝悲愤至极，尽焚图籍，随即蹈火自尽。之推装着一脑袋的图书知识与盈胸的亡国之痛，与许多高级官员被解往西魏都城长安。途中，之推之妻产下次子愍楚，乃深寄痛悼立国楚地的江陵政府破灭之意。

之推二十五六岁许，这位长年生长于荆楚与吴越的南方人，首次来到北方渭滨的长安城——原是中华民族的故都，现在又是北方新兴的政治、文化中心。于此，他又获一子，取名游秦，以纪念曾经去过长安之意。

之推二十六岁那年，举家觅隙东逃，搭船假道黄河，经砥柱时，有诗云：

> 侠客重艰辛，夜出小平津。
> 马色迷关吏，鸡鸣起戍人。
> 露鲜华剑彩，月照宝刀新。
> 问我将何去，北海就孙宾。

一股豪勇之气，直冲斗牛之间。

不久，之推全家逃抵黄河北漳水畔的邺城——齐国都城，又是一个北方新兴政治、文化中心。之推本拟假道齐国，回返江南故国，无如梁朝甫为陈朝所篡，遂滞留齐国。齐国文宣帝授以"奉朝请"之官，此时活动恐以学术生涯重于仕宦生涯，之推学问乃得大进。

之推从三十一岁至四十二岁，外调近邺城的赵州（今河北赵县），担任功曹参军（地方官的人事参谋）。猜想宦居生活必定很清闲，他才得以从事各种学术和艺术活动。

之推从四十二岁至四十六岁，又回到邺城。这是因为之推的才华与学识得到北齐朝廷士林领袖的重视，才得以调回中央，担任重要职务。

之推先是担任待诏文林馆，继迁知馆事，文林馆为北齐皇帝艺术、学术活动的大本营。他同时也兼任宰相幕僚（即司徒录事参军）。最后调升通直散骑常侍，兼代理中书舍人——回到他二十年前的职务，再迁黄门侍郎，等于跻身决策阶层边缘，遭遇了一场险些殒命的政争风潮。

这以后北方齐、周两国不断争战，北齐朝廷忙于调兵遣将。此时之推的活动不详。

之推四十七岁那年，劝皇帝避难南方陈国，再徐图复国，为官僚集团所反对，遂与大伙儿陪皇帝出奔今天的山东。没多久，齐国军事大惨败，而导致亡国。

四十八岁那年，颜之推生平第三度以俘虏身份被解往长安。途中感极而悲，遂写下传颂千古的自传体诗文：《观我生赋》。到了长安，北周政府授以一清闲的官职，可能得到长兄之仪（按：梁亡后，之仪全家被俘往关中，遂服务于北周政府）的照顾。离散了二十四年的兄弟如今重新聚首，算是离乱岁月中不幸中的大幸。

五十一岁那年，他又看到北周为隋所篡。隋文帝授予其修文殿学士之官，为一学术机关研究人员，也是皇帝学术顾问之官。他曾及身看到隋文帝于6世纪末平定南方的陈国，而统一起全国来。他活到六十几岁，确实年龄史载不详。

综观颜之推一生，除了三十一岁至四十二岁这十一年之间，其余绝大多数时间均生活于当时最大的几个政治、文化中心的城市中，诸如建业、江陵、长安、邺城四城，他的一生离不开政治和学术这两方面的活动。

他的学问面之广，早在青少年时期就筑下雄厚基础，到了青年时代，由于幸遇校定中央图书之机会，学问更是突飞猛进。而从二十六岁至三十一岁这段人类可塑性最大、创作力最强的关键时期里，他又得空从容念书，这下等于如虎添翼。尤有进者，当时政治的分裂造成学术、文化的隔阂，各政权地区的学者均囿于一己之见，独之推一人遭遇离奇，有机会接触各地不同学风，这使得他的学问于广博之余，更与时人大异其趣。

他的政治生涯由于迭遭黑暗时代的政治风暴，使他于保家护身的大前提之下，并不积极从事政治活动。以他如下少年得志的政治经历：青少年与青年时期各有过某种程度事务官和政务见习官的经验，本可在政治上大展宏图，可惜却顿遭亡国之祸，从此寄身于异地忍辱偷生，一方面执著于地域有别的客卿身份，一方面陷身政治黑暗时代不愿作无谓牺牲，遂深以不可膺任政务官为戒，得免大祸，并以此作为家传宝训。

由于他在完成自我的条件上极为优越，因此他非常看不起当时豪门巨室尸位素餐、垄断政治利益，而无补于国计民生。他不仅丝毫不汲汲于追求高高在上的政治社会身份（地位），并且以此一追求活动为可耻！他是孔子"富贵于我如浮云"的最佳践履者。

最后，附带一提的是，颜之推的个性本是豪放不羁的，由于前述种种遭遇的打击，超过了个人负荷的最大极限，使他做一百八十度改变，变成收敛、谨慎的个性。

二、颜之推的思想

（一）思想基调：文化的理想主义

若就政治角度以观颜之推的思想，似乎毫无政治抱负与理想成分。我们甚至可以直截了当地说，乃是现实主义，而与儒家所标榜的理想主义判然两途。颜之推所表现出的对攸关传统儒家价值的参政信念的漠视——或者说是舍弃吧——的确极易震骇乍看之下的人，研究颜之推卓然成家的丁爱博（Albert E. Dien）也不例外。仔细追究，则又发现他有着对儒家政治理想的坚持，无殊于前人的另一面。难道说，他是一位双面人？

抑有进者，若就文化史的眼光视之，他对文化存亡绝续所怀抱的殷忧，又足以推翻上述非理想的一面。难道他有意改变传统理想形态？

颜之推在思想基调上，实在很令人大惑不解，是理想主义或是现实主义，恐怕非得要煞费周章解说不可了。理清这个问题，当是研究颜之推思想的重大关键所在。

颜之推曾追述他的历代祖先，确定全是偏在儒家事业：

颜氏之先，本乎邹鲁，或分入齐。世以儒雅为业，遍

颜之推——文化的理想主义者

在书记。①

许多士大夫遭逢乱世,便改行业兵。这一点他极为反对,慎重交代子孙千万别放弃儒家之天职,他说:

> 顷世乱离,衣冠之士,虽无身手,或聚徒众,违弃素业,侥幸战功。吾既羸薄,仰惟前代,故置心于此,子孙志之!②

足见他是以儒家为业的。以儒家为业会不会改变儒家传统价值的内涵呢?这当然不可不仔细察究。

首先我们要确立什么是儒家传统的价值所在。我想这是极易引起争议的问题,这样好了,合乎孔孟行为准则的,大概与儒家传统价值所在不致差距太远吧。如此说似乎太笼统,我们干脆具体点说吧。第一,怀抱类似宗教情操(儒家谓之为"道")去参与政治;第二,在生命与真理的抉择关头,毫不犹豫以身殉道。此两者属于中心价值。

以下我们便以此标准来逐一检视颜之推这方面的言论。

颜之推曾说:

> 又君子处世,贵能克己复礼,济时益物。治家者,欲

---

① 见《颜氏家训》(台联国风出版社、中文出版社,1975年4月再版,周法高撰辑,下依此),《诫兵》篇第十四,第78A页。
② 见《颜氏家训》,《诫兵》篇第十四,第79B页。

颜氏家训：一位父亲的叮咛

一家之庆；治国者，欲一国之良。①

以上是明白讲到参与政治的原则性的话语，他还讲到参与政治的具体话语呢：

士君子之处世，贵能有益于物耳，不徒高谈虚论，左琴右书，以费人君禄位也。国之用材，大较不过六事：一则朝廷之臣，取其鉴达治体，经纶博雅；二则文史之臣，取其著述宪章，不忘前古；三则军旅之臣，取其断决有谋，强干习事；四则藩屏之臣，取其明练风俗，清白爱民；五则使命之臣，取其识变从宜，不辱君命；六则兴造之臣，取其程功节费，开略有术。此则皆勤学守行者所能办也。②

他把参与政治的官吏，分成六大模范类型。
他还指出能以书面或口头指正国君过错的官吏，才是值得嘉许的官吏，他先在历史上找出这种源头：

上书陈事，起自战国，逮于两汉，风流弥广。原其体度：攻人主之长短，谏诤之徒也……③

然后他更把这种谏诤型的官吏，配上儒家的劝谏方式，赋予

---

① 见《颜氏家训》，《归心》篇第十六，第89A页。
② 见《颜氏家训》，《涉务》篇第十一，第70A页。
③ 见《颜氏家训》，《省事》篇第十二，第73A页。

其正面的评价：

> 谏诤之徒，以正人君之失尔。必在得言之地，当尽匡赞之规，不容苟免偷安，垂头塞耳。至于就养有方，思不出位，干非其任，斯则罪人。故《表记》云："事君，远而谏，则谄也；近而不谏，则尸利也。"《论语》曰："未信而谏，人以为谤己也。"①

从以上引文，我们可以很放心地认定，颜之推是承袭了儒家参与政治的价值观与态度的。

在保身和守义的抉择关头，颜之推是毫不犹疑地选择后者的。他说：

> 王子晋云："佐饔得尝，佐斗得伤。"此言为善则预，为恶则去，不欲党人非义之事也。凡损于物，皆无与焉。然而穷鸟入怀，仁人所悯；况死士归我，当弃之乎？伍员之托渔舟，季布之入广柳，孔融之藏张俭，孙嵩之匿赵岐：前代之所贵，而吾之所行也。以此得罪，甘心瞑目。至如郭解之代人报雠，灌夫之横恣求地：游侠之徒，非君子之所为也。如有逆乱之行，得罪于君亲者，又不足恤焉。亲友之迫危难也，家财己力，当无所吝；若横生图计，无理请谒，非吾教也。墨翟之徒，世谓热腹；杨朱之侣，世谓冷肠。肠不可冷，腹不可热，

---

① 见《颜氏家训》，《省事》篇第十二，第74A页。

颜氏家训：一位父亲的叮咛

当以仁义为节文尔。①

这段话，开始是说不得参加党派纷争，以免做无谓牺牲，似乎是性命要紧的论调。接着话锋一转，又说要见义勇为，即使因此蒙罪而死，也是心甘情愿。在此他强调要特别认清需要帮助的对象，绝不可是游侠和叛乱分子。至于用财物而非用性命去接济人，则更不在话下了。

关于上述道理，他讲得更清楚的，可见以下一段文字：

> 夫生不可不惜，不可苟惜。涉险畏之途，干祸难之事；贪欲以伤生，谀愿而致死：此君子之所惜哉！行诚孝而见贼，履仁义而得罪；丧身以全家，泯躯而济国：君子不咎也。自乱离已来，吾见名臣贤士，临难求生，终为不救，徒取窘辱，令人愤懑。侯景之乱，王公将相，多被戮辱；妃主姬妾，略无全者。唯吴郡太守张嵊，建义不捷，为贼所害，辞色不挠。及鄱阳王世子谢夫人，登屋诟怒，见射而毙。夫人，谢遵女也。何贤智操行若此之难，婢妾引决若此之易？悲夫！②

一起头便明白表示，性命是要好好珍惜的，但若遇到要献身的时候，就要大方去赴死。作为一位君子，如能死得其所，是没什么好怨恨的；相反的，若不该死而死，这就太可惜了。然后他凭借

---

① 见《颜氏家训》，《省事》篇第十二，第75A至B页。
② 见《颜氏家训》，《养生》篇第十五，第82A至B页。

颜之推——文化的理想主义者

一生丰富的离乱经验,看到许许多多公卿大臣和妃主姬妾,临难求苟免而不可得,只有小官如张嵊、某诸侯王媳妇谢夫人这两人,真是慷慨就义而死的。

以上所引两段文字,可以充分证明,颜之推认同传统儒家崇高价值之一——以身殉道。

此外,属于儒家传统的边缘价值,像贱视虚名以及不重地位两项,也是颜之推所讲求的。关于贱视虚名方面,颜之推说:

> 名之与实,犹形之于影也。德艺周厚,则名必善焉;容色姝丽,则影必美焉。今不修身而求令名于世者,犹貌甚恶而责妍影于镜也。①

这是说,一个人重要的是品德的修持,这样才能实至名归。接着又说:

> 上士忘名,中士立名,下士窃名。忘名者,体道合德,享鬼神之福佑,非所以求名也。立名者,修身慎行,惧荣观之不显,非所以让名也。窃名者,厚貌深奸,干浮华之虚称,非所以得名也。②

于此,颜之推依据士对名声的态度,而分成上、中、下三等人。上士忘名,对于名声一点也不追求,只管增进一己的道德;中

---

① 见《颜氏家训》,《名实》篇第十,第66A 页。
② 见《颜氏家训》,《名实》篇第十,第66A 页。

颜氏家训：一位父亲的叮咛

士立名，对于该得的名声绝不放弃，虽然也着意进德修业，但是担心荣耀不来；下士窃名，貌似忠厚，胸怀奸谋，品行根本不佳，竟骗取了美名。

关于不重社会地位，也就是抛弃荣华富贵方面，颜之推说：

> 齐之季世，多以财货托附外家，谄动女谒。拜守宰者，印组光华，车骑辉赫，荣兼九族，取贵一时。而为执政所患，随而伺察。既以利得，必以利殆，微染风尘，便乖肃正。坑阱殊深，疮痏未复。纵得免死，莫不破家；然后噬脐，亦复何及？吾自南及北，未尝一言与时人论身分也。不能通达，亦无尤焉。①

颜之推举他在齐国的经历，好说明那些富贵显赫的人的悲惨下场。这些人权势大到引起国君的猜忌，而被翦除。末了，颜之推很自负地说，他走南闯北从不跟人论及身份，他从不在意自己这一辈子是否政治、社会地位崇高。

综上所述，论及颜之推的思想重心，我们便不能说，他不是理想主义者，而是现实主义者。相反的，他是一位货真价实的理想主义者。若依传统的理想主义者所表现于外的行径，大体上是根据政治是否上轨道，来决定一己之出处和进退；换言之，政治若上轨道，则出以翼世——积极参政，否则就退出政坛，以在野之身进行文化教育事业。然而，颜之推是身在庙堂之中，心寄未来之教化。因此，就容易让人误以为他在政治上是位现实主义者，在文化

---

① 见《颜氏家训》，《省事》篇第十二，第74B至75A页。

上是位理想主义者。如此一来，两种思想方向针锋相对的思想便夷然并存了。其实不然，他在政治上不热衷改革固是事实，但并不影响他参与政治的传统儒家价值信念。事实上他想改革也不可能，因为他不想当政务官的想法，使他根本无法跻身决策圈中，遑论改革了。充其量，我们只能说他在政治上不抱理想，也无何改革计划，但不能因此论定他是一位现实主义者。但是，他的理想重点是在文化上，而非政治上，他在政治上不是一位改革主义者。因此他所呈现的一副思想面貌，不是在追求理想的乌托邦世界，而是在不理想的现实世界如何自处。

他从不说要如何改变或改革这个社会，使臻于理想，也是很容易理解的。因为他是一位标准的命定论者。标准的命定论者是不重视或根本否定改革主义的。

当代英国预言小说家奥威尔于其《一九八四》一书中，深切透露了文明崩溃之信息。同样地，作为一位文化理想主义者的颜之推，在少数族群建立政权于中原文化领域内，大事破坏文化之举时，兴起文明崩溃在即之悲，遂致力于文化续绝之工作。

因此，命定论和不想当政务官的想法，与其文化的理想主义之间，是有相当密切的关系的。此外，他重视文化创作，就不免重视知识，于是，他的智识主义也成了他文化的理想主义的一个重要环节。以下我们便一一分论他的命定论、只当事务官的想法、智识主义等三种思想。

于此，我们附带一提的是，颜之推思想中，值得注意的思想要素有以下五项：第一，命定论；第二，儒佛交融思想；第三，不喜魏晋以来玄学；第四，适应乱世的理想官吏——不当政务官；第五，智识主义——知识与道德分际之清识。我们若取此五项以与当时时代思潮并观,有其共相的一面,亦有其殊相的一面。前两项乃是一种共相思想,而后三项则为其殊相之思想。其中,第二、三两项,本文姑置不论。

(二)命定论——人类力量的微弱和有限

若将人类思想置诸人类与自然关系上,加以衡估,则人类思想可分为自由论与决定论两种[①]。而中国中古时代是国史上决定论的高潮时代。那个时代让汉人中的有志之士,有着无处着力的无能感,就在这种人的自由意志无处伸张的时代氛围里,表现在思想上,就是风靡整个时代的决定论色彩异常浓厚。颜之推也不例外,他是一位彻头彻尾的决定论者。而命定论就是决定论的一种。

颜之推认为一个人命运的好坏,不是个人所能掌握的,一切都已天定,这可从他相信阴阳、占卜的相命术看出一点端倪:

> 凡阴阳之术,与天地俱生,其吉凶德刑,不可不信。[②]

他又说:

> 世有痴人,不识仁义,不知富贵并由天命。[③]

[①] 参阅凯·尼尔生(Kai Nielsen),《自由与决定论》(Freedom and Determinism)。
[②] 见《颜氏家训》,《杂艺》篇第十九,第130A页。
[③] 见《颜氏家训》,《归心》篇第十六,第91B页。

颜之推——文化的理想主义者

可知,不想当痴人的话,第一,要识得仁义道德;第二,要知道富贵由天定。此处值得注意的是,一个人是否生就富贵的命,要由天来决定,人力是无能为力的。那么,人力能够为功吗?若然,它是什么?是道德吗?是的!否则,颜之推在此提到道德,就了无意义了。

不错,他肯定人所能掌握的只是道德的修养:

> 君子当守道崇德,蓄价待时。爵禄不登,信由天命。①

但是,有人也许会反驳他说,不见得吧,某人钻营得法,靠关系走门路,结果官运亨通,可见机会是人造的,不是天上掉下来的。颜之推极不以为然,他说:

> 世见躁竞得官者,便谓弗索何获;不知时运之来,不求亦至也。见静退未遇者,便谓弗为胡成;不知风云不与,徒求无益也。②

更有人反对颜之推勤于学问、修养品德,认为无关将来社会地位的提高。颜之推答辩如下:

> 夫命之穷达,犹金玉木石也;修以学艺,犹磨莹雕刻也。金玉之磨莹,自美其矿璞;木石之段块,自丑其雕

---

① 见《颜氏家训》,《省事》篇第十二,第74A页。
② 见《颜氏家训》,《省事》篇第十二,第74B页。

刻。安可言木石之雕刻，乃胜金玉之矿璞哉？不得以有学之贫贱，比于无学之富贵也。①

颜之推这番话，辩得精彩之极。他辩论的出发点是，两种不同性质的东西无法比长较短。他把一个人命运的好坏，比喻成金玉和木石；而将读书学本事，比喻成琢磨和雕刻的手艺。然后他推论出：琢磨后的金玉之所以好看，乃是金矿璞玉本身就是美物，一段木头和一块石子之所以难看，乃是尚未经过雕刻的手续。我们怎能说，雕刻过的木头和石子，胜过尚未琢磨的金矿璞玉呢？同理，我们不可以拿有学问但贫贱的人，来跟没学问但富贵的人相比。

综合以上叙议，知道颜之推认为一个人的道德与地位，是无必然关系的。两者分别受到人力和天命的宰制。在此，人力微弱到只能增进一个人的品德，除此，就无能为力了，就是受天来支配了。尽管人在天之下是何等的微不足道，但是，颜之推仍是高标道德价值的。天命所宰制的广大世界，颜之推除了置之不理，他还有什么办法呢？

（三）决不当政务官——传统官吏形态的变调

中国中古时代，人类在与自然关系上，主要是战栗于自然脚下。而个人在与社会关系上，比起以前和以后，都有相当可观的人口，是采取疏离社会的立场。

---

① 见《颜氏家训》，《勉学》篇第八，第35A页。

颜之推——文化的理想主义者

个人与社会的关系，通常可呈现以下四种形态：

个人接纳社会：

（1）完全接纳——如一般官僚。

（2）不完全接纳——如颜之推。

个人拒绝社会：

（3）完全拒绝——如一般隐士。

（4）不完全拒绝——如葛洪[①]。

当时，第（2）（3）（4）三种，较之从前——指中国中古时代以前——当系显著增加。我们从《后汉书》始开列"隐逸列传"，不无透露着一点个中消息。而此三种人即是我们所谓的，与社会采取疏离关系的人。如果葛洪是一位不完全出世者的话，那么，颜之推就是一位不完全入世了。他们都对当时社会有所戒心，都保持了一个相当程度的距离。颜之推力行不当政务官，便是这种相当程度的距离之一。

颜之推这种不当政务官的念头，究其实质，乃是事业可与职业分离的想法。儒家的理念中，事业与职业是合一的，是二而一、一而二的事；换言之，事业即职业，反之亦然。但是在职业无法遂行政治理想的时代中，难免发生职业与事业分离的危机。通常有理想的知识分子不幸遇到这种时代，大抵是迁就理想而去职他去。毋庸置疑，颜之推身处这种时代危机之中；然而，家族生计的担子，使他不得不有职业，但又不能舍弃事业。如何办到？这就是颜之推的为难之处。

[①] 参阅拙作：《葛洪——山林中的社会批评者》（《食货》月刊复刊第九卷第九期，1979年12月）。

颜氏家训：一位父亲的叮咛

依据儒家的理念，知识分子从政，除了政治理想的考虑，也是一种经济活动，并以后者为前者的附属品。若是理想根本无法贯彻，那么，就只剩赤裸裸的经济活动——纯粹职业了。固然，颜之推曾说人生在世，都要有一行职业：

> 人生在世，会当有业。农民则计量耕稼，商贾则讨论货贿，工巧则致精器用，伎艺则沈思法术，武夫则惯习弓马，文士则讲议经书。①

文中，文士这种职业与各行各业最大的不同，就是所讲的经书，已超越了经济活动的范畴，而进入带有政治理想的文化活动范畴了。也许有人会认为笔者解释得过火，兹再引一文以证明之，颜之推说：

> 若能常保数百卷书，千载终不为小人也。②

意谓，一个人因努力读书而拥有文化涵养，是不至于与没有文化涵养的"小人"有同种悲惨命运的。我想，举此一句话，足可充分证明，前一则引文解释的有效性吧。

有家庭负担如颜之推者，既不能像隐士或半隐士的葛洪一样，来或重或轻地拒绝社会；也不能像完全接纳社会的一般官僚一样，只知一味追求富贵，而不知随时会有大祸临门。因此，颜之推

---

① 见《颜氏家训》，《勉学》篇第八，第32B页。
② 见《颜氏家训》，《勉学》篇第八，第34A页。

颜之推——文化的理想主义者

的为难显得奇特而刺眼。

颜之推摆明不当政务官的言辞,一共有两处,一则说是其先祖颜含的告诫语:

> 先祖靖侯戒子侄曰:"汝家书生门户,世无富贵。自今仕宦不可过二千石,婚姻勿贪势家。"吾终身服膺,以为名言也。①

一则颜之推自述经历之辞:

> 仕宦称泰,不过处在中品。前望五十人,后顾五十人,足以免耻辱,无倾危也。高此者便当罢谢,偃仰私庭。吾近为黄门郎,已可收退。当时羁旅,惧罹谤讟;思为此计,仅未暇尔。自丧乱以来,见因托风云,微侥富贵,旦执机权,夜填坑谷,朔欢卓郑,晦泣颜原者,非十人五人也。慎之哉!慎之哉!②

依当时情况,二千石的官通常为地方最高行政官,地方最高行政官远离权力核心的首都,当然不致受到政变大屠杀的波及。颜之推在北齐当过赵州刺史的功曹参军十年的记录,就又是二千石以下的官了,莫非是这种想法的实践。而他所当过的黄门侍郎的官,属于政务见习官,距政务官只有一丁点儿距离,再升上去就是

---

① 见《颜氏家训》,《止足》篇第十三,第77A页。
② 见《颜氏家训》,《止足》篇第十三,第77B页。

颜氏家训：一位父亲的叮咛

乱世危险的政务官了。而他一生最高的官职就是到此为止，可见他言行合一之至。

有两件事足以说明，他为了奉行这种想法，真是煞费苦心。其一：

> （北齐）天保末，从（皇帝）至天池，以为中书舍人，令中书郎段孝信将敕书出示之推。之推营外饮酒，孝信还，以状言。显祖（按：北齐文宣帝）乃曰："且停。"由是遂寝①。

这件事，丁爱博解释成，之推性格的缺失以致丧失升官的机会②。我不同意这种看法，我认为之推有意逃避"中书舍人"这个可参与决策的官员。理由有二：第一，如此解方合乎他不当政务官的想法；第二，根据常情，颜之推当时以一皇帝侍从官身份，陪侍皇帝身边，任何稍有警觉性的人都知道，负有重任，不可饮酒，何况聪明如之推？

十年后，颜之推以通直散骑常侍的官职，暂时代理"中书舍人"的职务。颜之推表现得极为称职，皇帝甚为满意，却遭遇少数族群官僚的妒忌，处境非常危险。不久，汉人官僚集团在崔季舒领导之下，联名向皇帝展开对少数族群官僚集团的控诉。在这等重大斗争的紧急关头，颜之推表现如何呢？请看下面史书的记载：

---

① 见《北齐书》（鼎文书局，1980年3月初版），卷四十五，《文苑传·颜之推传》，第617页。

② 见丁爱博：《颜之推：一个崇佛的儒者》（收在《中国历史人物论集》书中，第48页，本书由正中书局于1973年4月翻译初版）。

颜之推——文化的理想主义者

之推取急还宅,故不联署。及召集谏人,之推亦被唤入,勘无其名,方得免祸。寻除黄门侍郎[①]。

颜之推根本避不参加,不仅捡得一条老命,而且还意外升官了。

丁爱博认为颜之推的态度及价值观与儒家全盘有异[②],与我看法不同。个人浅见以为,充其量只是局部有别而已,颜之推道德超过富贵的观念,与原始儒家——起码与孔子是相同的;而为官不任政务官这点,超出儒家教训范围。为何如此,丁爱博以佛家思想扰乱了儒家思想的秩序为解释。我则试着从另一个角度,来重新看问题,我认为,是他个人类似西方格列佛漫游的离奇遭遇,使他深深感觉到,这是置身于事业与职业分裂时代的变通办法。在这种情况之下,保家护身成了优先考虑的重点。前面说过,颜之推主张死要死得其所,既然无其所的话,就不要随便轻生就死。换言之,丁爱博似有过分抬举颜之推佛教信仰之嫌。

至此,我们不妨再检讨一次:颜之推何以不当政务官的原因,到底是我说的客观(外在)环境因素呢,还是丁爱博所提的主观(内在)思想因素呢?

如果是主观的思想因素,而非佛教信仰的其他思想因素,可有明显证据?有的!颜之推的遭遇,使他调整传统服官之步伐,为

---

① 见《北齐书》(鼎文书局,1980年3月初版),卷四十五,《文苑传·颜之推传》,第618页。
② 见丁爱博:《颜之推:一个崇佛的儒者》(收在《中国历史人物论集》书中,第59页,本书由正中书局于1973年4月翻译初版)。

颜氏家训：一位父亲的叮咛

了使自己的行为合理化，他用祖宗家法和止足观念①加以辩解。再不然，就是：颜之推发现自己的理由与祖宗家法相同，因而力求在传统中找出可以印证之理，此其儒道两家诫满之训了。如此一来，究竟是他本身遭遇抑或是儒道两家诫满之训，才是他主张不当政务官的真正的、实质的理由呢？但不论如何，总不是丁爱博所说的佛教信仰在起作用就是了。

让我们再回到颜之推那段"仕宦不过中品"的引文上，最保险的说法就是，他是为了保护身家性命啊。兹再引两段文字以明之：

> 吾见今世士大夫，才有气干，便倚赖之。不能被甲执兵，以卫社稷；但微行险服，逞弄拳腕，大则陷危亡，小则贻耻辱，遂无免者。②

> 然而每见文士，颇读兵书，微有经略。若居承平之世，睥睨宫闱，幸灾乐祸，首为逆乱，诖误善良；如在兵革之时，构扇反复，纵横说诱，不识存亡，强相扶戴：此皆陷身灭族之本也。诫之哉！诫之哉！③

颜之推无非在强调，乱世莫做无谓之牺牲。

对知识分子而言，当官是维持家庭生计的唯一办法，要想永

---

① 见《颜氏家训》，《止足》篇第十三，第77A页，云："礼云'欲不可纵，志不可满'，宇宙可臻其极，情性不知其穷。唯在少欲知足，为立涯限尔。"又云："天地鬼神之道，皆恶满盈。谦虚冲损，可以免害。"
② 见《颜氏家训》，《诫兵》篇第十四，第79B页。
③ 见《颜氏家训》，《诫兵》篇第十四，第80A页。

远当下去、不致半途成了政争的牺牲者，并危及家族的存亡，最好的办法就是不要当政务官。这是颜之推所树立的原则，在具体方面，他有没有提到该当什么性质的官呢？有的，那就是言官，兹列举三则文字如下：

> 未知事君者，欲其观古人之守职无侵，见危授命，不忘诚谏以利社稷，恻然自念，思欲效之也。④
>
> 上书陈事，起自战国；逮于两汉，风流弥广。原其体度：攻人主之长短，谏诤之徒也；讦群臣之得失，讼诉之类也；陈国家之利害，对策之伍也；带私情之与夺，游说之俦也。⑤
>
> 谏诤之徒，以正人君之失尔。必在得言之地，当尽匡赞之规，不容苟免偷安，垂头塞耳。至于就养有方，思不出位干非其任，斯则罪人。⑥

颜之推如此主张，也是可以理解的。这是因为做一位言官，只消恪尽其言责即可，不必参与决策，而担上政争的风险。

综上析论，可知：处在政潮迭起、忧患频仍的乱世，常有无谓的牺牲发生，该如何自处以护身保家，就成了大难题。而在这种情形下，从政的事业性是没有了，只余职业性；也就是说，儒家所立的理想官吏行为模式，无法适用于颜之推所生长的时代。然而，颜之推又不甘心从政只是一桩无聊的纯职业而已，只好在保命

---

④ 见《颜氏家训》，《勉学》篇第八，第37A页。
⑤ 见《颜氏家训》，《省事》篇第十二，第73A页。
⑥ 见《颜氏家训》，《省事》篇第十二，第74A页。

护家前提下，略略灌输一些事业性。在什么情况下，一位乱世的从政者，不至于只是尸位素餐，而又能谋生养家呢？那就是不当政务官。这就不易身预政争，而赔上身家性命。而什么样的非政务性官职最理想呢？那就是当言官，只管批评、建议人家作为的不周之处，而不必自己亲身去做；不仅不必负成败责任，也不会卷入政争旋涡中，含冤饮恨而死。

总之，以上是从颜之推的时代特性（个人和社会的疏离以及事业和职业的分离）、本身遭遇、止足观念，以及处乱世保身护家的愿望等各方面，来重新检讨颜之推改变传统做官方式的缘由。似乎，丁爱博提倡佛教信仰因素的可能性不大。

（四）智识主义——知识与道德之间的清识

有关颜之推在这方面的慧解，我们不妨从以下四方面来加以考察：第一，主张以考据学取代章句学；第二，道德的有限性；第三，道德需要知识的辅助；第四，对无才德的豪门士大夫的批评。

且容我们从最基本的吸收、增进知识的目的讲起。就此而言，颜之推也与古今中外绝大多数人看法一致——读书求学的目的，无非在于养成才德兼备的人。颜之推认为，读书为的是增广见识以利行事。[①]他曾举六种能力不足的人，因为读书而弥补了严重

[①] 见《颜氏家训》，《勉学》篇第八，第36B页，云："夫所以读书学问，本欲开心明目，利于行耳。"

的缺失：

第一种人："未知养亲者，欲其观古人之先意承颜，怡声下气，不惮劬劳，以致甘腝，惕然惭惧，起而行之也。"①

第二种人："未知事君者，欲其观古人之守职无侵，见危授命，不忘诚谏，以利社稷，恻然自念，思欲效之也。"②

第三种人："素骄奢者，欲其观古人之恭俭节用，卑以自牧，礼为教本，敬者身基，瞿然自失，敛容抑志也。"③

第四种人："素鄙吝者，欲其观古人之贵义轻财，少私寡欲，忌盈恶满，赒穷恤匮，赧然悔耻，积而能散也。"④

第五种人："素暴悍者，欲其观古人之小心黜己，齿敝舌存，含垢藏疾，尊贤容众，苶然沮丧，若不胜衣也。"⑤

第六种人："素怯懦者，欲其观古人之达生委命，强毅正直，立言必信，求福不回，勃然奋厉，不可恐慑也。"⑥

---

① 见《颜氏家训》，《勉学》篇第八，第36B至37A页。
② 见《颜氏家训》，《勉学》篇第八，第37A页。
③ 见《颜氏家训》，《勉学》篇第八，第37A页。
④ 见《颜氏家训》，《勉学》篇第八，第37A页。
⑤ 见《颜氏家训》，《勉学》篇第八，第37A至B页。
⑥ 见《颜氏家训》，《勉学》篇第八，第37B页。

颜氏家训：一位父亲的叮咛

乍看之下，似乎全部偏向做人能力和品德的陶冶，但若仔细观察，其中，第一、二、六种人，是略涉及办事能力的才干性质的。

颜之推在紧接着上述这段文字之后，便全部偏向办事能力的增进方面，但起头仍是品德的扩充：

> 世人读书者，但能言之，不能行之。忠孝无闻，仁义不足。①

接着具体举例时，便全在才干历练上兜圈子了：

> 加以断一条讼，不必得其理；宰千户县，不必理其民。问其造屋，不必知楣横而棁竖也；问其为田，不必知稷早而黍迟也。②

以上是说为吏、建屋、种田都应具备专业知识，才能办通事情。

颜之推对于当时的经学属于章句之学——就是不直接接触经典的原文，而专收集后人对经典的解释之辞——感到痛心（按：颜之推所谓的章句不同于今日之章句）。儒家经典在汉朝是非常富有实用价值的，有道是"通经致用"，意即读通经典上的道理，好运用于社会。但是今天的章句之学违反了这种实用价值，与前述增进

---

① 见《颜氏家训》，《勉学》篇第八，第37B页。
② 见《颜氏家训》，《勉学》篇第八，第37B页。

学问的目的背道而驰了。这层意思可见如下一段引文:

> 学之兴废,随世轻重。汉时贤俊,皆以一经弘圣人之道。上明天时,下该人事,用此致卿相者多矣。末俗已来不复尔。空守章句,但诵师言,施之世务,殆无一可。故士大夫子弟,皆以博涉为贵,不肯专儒。①

然后,他在下文连举了当时他所知道的几位通儒,除了治经之外更兼理文、史之学,他认为这才是儒者的上品。接着,他又拿当时研究章句之学的学者(即通儒以外的学者),与他心目中"通经致用"的典范,加以抑扬褒贬:

> 以外率多田里闲人,音辞鄙陋,风操蚩拙。相与专固,无所堪能。问一言辄酬数百,责其指归,或无要会。邺下谚云:"博士买驴,书券三纸,未有驴字。"使汝以此为师,令人气塞。孔子曰:"学也,禄在其中矣。"今勤无益之事,恐非业也。夫圣人之书,所以设教,但明练经文,粗通注义,常使言行有得,亦足为人;何必"仲尼居"即须两纸疏义,燕寝讲堂,亦复何在?以此得胜,宁有益乎?光阴可惜,譬诸逝水。当博览机要,以济功业。必能兼美,吾无间焉。②

---

① 见《颜氏家训》,《勉学》篇第八,第39A至B页。
② 见《颜氏家训》,《勉学》篇第八,第40B页。

颜氏家训：一位父亲的叮咛

其中，最后一句话意思是说，如果你一面从事不切实际的章句之学（按：用现在的话讲，就是躲在象牙塔里做学问，浑不问人类前途之意），一面又顾到现实社会，那么，我没得话说。言下之意仍是，做学问切合实际才是重要的。而无补国计民生的无聊之学，乃是行有余力的事。

颜之推不推重章句学，那他主张代以何学呢？曰："小学是也。"他所谓的小学，就是我们今天所说的字典。他说：

> 明史记者，专皮（按：疑当作"裴"）邹而废篆籀；学汉书者，悦应苏而略苍雅。不知书音是其枝叶，小学乃其宗系。至见服虔张揖音义则贵之，得通俗广雅而不屑。一手之中，向背如此，况异代各人乎？[①]

于此，颜之推认为，裴骃、邹诞生、应劭、苏林等人对《史记》《汉书》所作的注解，其价值应低于历代以来所编的各种字典。

颜之推重视字典，乃是作为考据经书文字错误的重要凭借。这一点，我们可从颜之推与某人的一场辩论上看出：

> 客有难主人曰："今之经典，子皆谓非；《说文》所言，子皆云是。然则许慎胜孔子乎？"主人拊掌大笑，应之曰："今之经典，皆孔子手迹耶？"客曰："今之《说文》，皆许慎手迹乎？"答曰："许慎检以六文，贯以部分，使不得误，误则觉之，孔子存其义而不论其文也。先

[①] 见《颜氏家训》，《勉学》篇第八，第49A页。

儒尚得改文从意，何况书写流传耶？"[1]

这场辩论，刚一开始就很精彩，这段引文下面还有一大篇，颜之推讲考据要领的话，以其文烦不录。不过，于此我们已能很清楚看出，颜之推认为章句之学不足以掌握经文原意的道理了。因为经书经过辗转传抄的结果是会有错误的。不管要先恢复经书原貌，还是理会原文，都需要字典之助。

就学术史而言，不走章句之学，而走考据的小学，是反因袭师说，而直接探求本源之求真表现。这不仅是狄百瑞（Wm. Theodore de Bary）所说的宋明理学的"返本主义"，也是余英时所说的清代考据学的智识主义。因此，我们若套用狄百瑞、余英时两人的说法，则颜之推不止是宋明理学的先驱（专就理学特质而言），也是清代考据学的开山祖师。

次论颜之推的道德有限性理念。颜之推说：

以诗礼之教，格朝廷之人，略无全行者。[2]

这句话隐藏着重大内涵。他是说，读过经书然后出仕的儒家官吏，其行径很难合乎儒家经典的要求。如此说来，标榜道德教育的儒家经典，在践行教育目标上成效之低，令人惊讶。笔者认为，颜之推是对儒家道德教育的真正成效评估，有深切认识的人。

---

[1] 见《颜氏家训》，《书证》篇第十七，第113A至B页。
[2] 见《颜氏家训》，《归心》篇第十六，第87B至88A页。

颜氏家训：一位父亲的叮咛

基本上，颜之推对人与人之间的阴暗面知之甚稔，似乎在国史上无出其右者。尤有进者，他更知道此一问题，非空言道德所能挽救。道德非赖讲说，而是靠实践；而一个人道德的真正造诣，要通过考验才能确知，能实践者实在不多。因此，道德就无须漫无限制地提倡下去，或是提倡过火。

颜之推在《家训》一书的《兄弟》和《后娶》两篇上，很含蓄地透露出道德有限性这层意思。在家庭中，兄弟的争执和婆媳的纠纷，就颜之推看来，乃是普遍的事实。难道家庭成员不知见义勇为，而只会见利忘义？当然不是！

颜之推在道德的讲求上，不睁眼说瞎话，衡诸绝大多数没把道德分寸讲好的人，这实在值得后人刮目相看。

复论颜之推的道德需要知识的辅助之说。颜之推说：

> 齐孝昭帝侍娄太后疾，容色憔悴，服膳减损。徐之才为灸两穴，帝握拳代痛，爪入掌心，血流满手。后既痊愈，帝寻疾崩，遗诏恨不见太后山陵之事，其天性至孝如彼，不识忌讳如此，良由无学所为。若见古人之讥欲母早死而悲哭之，则不发此言也。孝为百行之首，犹须学以修饰之，况余事乎？[①]

这段话是举一个例子来说明道德需要知识指引，才能恰如其分地达到道德的要求。当然，颜之推这个例子举得还不怎么好，但结尾那句话："孝为百行之首，犹须学以修饰之，况余事乎？"对

[①] 见《颜氏家训》，《勉学》篇第八，第43B至44A页。

颜之推——文化的理想主义者

于一般"道德万能论"者,或是"反智论"者,不啻当头棒喝!

颜之推又说:

> 夫风化者,自上而行于下者也,自先而施于后者也。是以父不慈则子不孝,兄不友则弟不恭,夫不义则妇不顺矣。父慈而子逆,兄友而弟傲,夫义而妇陵,则天之凶民,乃刑戮之所慑,非训导之所移也。①

这是说,有些人不管你如何感化他都是没用的,除非你动用刑法。换言之,只实行德治是不够的,还需要法治以补其不足。

至于颜之推大力抨击豪门士大夫,无非基于一个人当具真知识和真道德的认识。因为当时豪门士大夫,论知识则并无知识,论道德则属假道德。兹引两段文字以明之:

> 多见士大夫耻涉农商,羞务工伎,射则不能穿札,笔则才记姓名,饱食醉酒,忽忽无事,以此销日,以此终年。或因家世余绪,得一阶半级,便自为足,全忘修学。及有吉凶大事,议论得失,蒙然张口,如坐云雾。公私宴集,谈古赋诗,塞默低头,欠伸而已。有识旁观,代其入地。何惜数年勤学,长受一生愧哉?②

梁朝全盛之时,贵族子弟多无学术。至于谚云:"上车不落

---

① 见《颜氏家训》,《治家》篇第五,第10B 页。
② 见《颜氏家训》,《勉学》篇第八,第32B 至33A 页。

则著作,体中何如则秘书。"

  无不熏衣剃面,傅粉施朱,驾长檐车,跟高齿屐,坐棋子方褥,凭斑丝隐囊,列器玩于左右,从容出入,望若神仙。明经求第,则顾人答策;三九公燕,则假手赋诗。当尔之时,亦快士也。及离乱之后,朝市迁革。铨衡选举,非复囊者之亲;当路秉权,不见昔时之党。求诸身而无所得,施之世而无所用。被褐而丧珠,失皮而露质。兀若枯木,泊若穷流。鹿独戎马之闲,转死沟壑之际。当尔之时,诚驽材也。①

  我们从以上两段引文可以清楚地看出,颜之推举例说明本人对才德两缺的豪门世族的贱视,就无须我们多阐释了。

三、结论

  综上析论,若将颜之推生平和思想合观,就更可以确定如下颜之推的思想风貌:
  大约颜之推诞生前二三百年,时代氛围是这样的:由于政治无出路,遂滋长了否定人为努力的决定论思潮。尔后政治无出路和决定论之间交相作用并互为因果的循环影响愈演愈烈;而颜之推其

---

  ① 见《颜氏家训》,《勉学》篇第八,第33A至34A页。

颜之推——文化的理想主义者

人正是这种大时代下最悲剧的产物。他一生离奇遭遇,令他对时代黑暗体会之深,几乎无出其右者!

对于事业唯循政治一途的中国传统知识分子而言,活在一个政治无出路的时代,何异判定政治生命的死刑。通常在这种情况下,或许出于补偿心理,改而从事学术文化活动,便成了顺理成章的事,否则如何排遣无法发挥才具的岁月?颜之推正是这种典型人物的绝佳写照!

这么一来,政治活动成了他"增一分嫌多,减一分嫌少"的纯职业,而学术活动反成了他结结实实的事业。或者,我们更可以这么说:学术生涯为其正事,政治生涯为其副业。这实在是职业与事业无法合一的无可奈何的权宜举措。

既然政治非寄托理想之所在,那么,也就不是为理想献身的合适场地了,只要设法活下来,保一份差事也就是了,好供养一家大小的生活所需。如何做到这一地步呢?那就是千万别当政务官,以免卷进政变旋涡,无端成了牺牲者。这点,容易让人误会颜之推违反儒家信念。丁爱博着眼于此,试着以佛教信仰作为颜之推思想的决定(主宰)因素,好解释颜氏的一反传统儒家所为。其实,颜之推内心的两个世界,分别交由佛教信仰和儒家信念来统治,佛儒两者乃是颜氏思想两个各自独立,却多少互有关涉的领域。

对此,本文不能认同,相反,本文认为颜之推不仅未违背儒家信念,而且更有所见。这可从他表现在才德之间的清识,略知一斑。其中最核心的一点便是,道德的崇高面无法要求一般人,这倒是宋明理学家的一大忽略。(关于此,非三言两语所能交代清楚,笔者将另文探讨。)此外,他是宋明理学"返本主义",以及清代朴学"智识主义"的双料先驱人物，也很值得我们注意。

　　总之，我们尝试取颜之推是一位文化的理想主义者此一角度，一则可以统摄颜氏思想中的某些主要因素，一则很能满足全文种种析论的有效性。

颜氏家训

在改朝换代成功后，开国皇帝往往急于致力修改历法的工作，因为这意味新时代的来临，天上的日月星辰似乎都要依这新王朝来重新安排一番，好运行得对，运行得好，地上的亿万生灵也才有好日子可过。

因此，改历的成败便关系到新王朝是否能长治久安。这等政治意义极端浓厚的大事，要仰赖极少数深知历法的专家学者来处理，于此不免涉及学术问题常有的"见仁见智"之处，这就促成了王朝成立伊始学术火暴辩论场面的出现。

本章就从这种现在看起来了无意义的争辩开始。

一、竞历事件

大隋开皇十二年（592），皇帝杨坚为最近朝廷天文台台长与其属下辩论历法事，坐朝听辩。这场辩论会的负责人是国子监祭酒何妥，皇帝只是列席指导。

辩论的两边，分别是代表关中旧学的太史令刘晖，和代表山东新学的直太史刘孝孙、刘焯、张胄玄。这场辩论起于开皇四年（584），迄今已有八年，该到当有定论的时候；因为大隋早在三年前——开皇九年（589），平定陈国成功，统一全国，结束了四百年的分裂局面，一个新的时代来临，总要颁布一个令四海归心的新历，以应新的时运。开皇四年所颁的那部历法原也是针对开国伊始而产生的，不想竟有人认为欠妥，反对者是刘孝孙等人，全系出身修文殿的学士（相当于现在的中国社会科学院研究员）。双方看法的分歧，原是学术背景不同所致，后来不幸扯进政治因素，遂使已经混乱一团的情况更加一塌糊涂。

刘孝孙等人是来自新近征服国家降附的学人，数百年来齐鲁学风即与关中学风大异其趣，加上近几十年来这两地区政治的分裂，学术交流早就中断，更从政治的对手演变成学术的对手。

今天双方这场辩论会已进行了近两个时辰，早已词穷力竭，意气越来越勃发，到了不能就理论理的地步。

这时刘晖正脸红脖子粗地骂道："如果你们认为有理，为什么贵国会被敝国所灭？"

早已听得索然无味的皇帝着实被这句话吓了一跳。

"这……您未免扯太远了吧？"刘孝孙讷讷地说着。

列席听辩的大臣中有了些微骚动，何妥用手势抑止私议之声。

皇帝皱了一下眉头，转首望向写有修文殿的席次，说道："贵处可有人愿出面评议？"

哪知刘晖又抢着说道："启奏陛下，臣以为不可，刘孝孙等人即来自修文殿，现请该处评议，焉知他们不是同一想法？"

皇帝偏着头看他一眼："你认为这样有欠公允？嗯？"

刘晖立即敛裳，惶悚地说道："臣知罪，请陛下恕罪。"

看样子刘晖很坚持，皇帝微感烦恼，这时何妥趋近皇帝，告了声"得罪"，便对皇帝耳语一番。

顿时整个大殿静极了。

皇帝待何妥降阶告退，回其座位后，才缓缓说道："现朕如能请得熟悉关中、山东、江南三处学风的学者为诸位讲评，卿等可认为公允？"

"臣等遵命！"接着两边人马均躬身道谢有加。

"现着修文殿学士颜之推出班讲评。"皇帝下令说道。

只见现年六十二岁、满头白发的颜之推排班而出，向着皇帝行礼如仪。

颜之推行动略微缓慢，但精神矍铄、面貌祥和，他先得到皇帝的许可，才恭谨地走到讲评席上。他的开场白简明扼要，毫无一般老头子拖泥带水的毛病，语音凝重略带沙哑，听得出来有江南人的尾音。

这时他正讲入主题，大家都屏息静听这位学识渊博、遭遇离奇的国之大佬的讲评。

"……两边学者的持论，可以归纳成'四分'和'减分'两种……"所谓"四分"和"减分"都是古代中国历法的专门术语。

"……'四分'法比较有弹性，'减分'法比较流于刻板、固定。所以讲弹性这边会把历法上难免的差误，联想到政令的宽猛并济。讲固定这边就强调气候反常定要预测出来，免得受制于气候……"

颜之推的讲评获得了大多数同事的推许，尤其是修文殿的同仁更是赞不绝口。

散朝回来，颜之推的三位儿子思鲁、愍楚、游奉三人纷纷来向他道贺。

颜之推欣然接受儿子的贺词后，示意大家落座。之推望了三个儿子一眼，欲言又止，似乎沉吟半晌，才说："你们都三十几四十出头了吧？"

"父亲，今年大哥是四十四岁，弟弟是三十六岁，我嘛，三十八岁。咦？父亲您……"愍楚一向反应敏捷，抢着回话。

之推示意愍楚别多嘴，反问他："就历法这门学问而言，你是要比你大哥思鲁、你弟弟游秦学得好。我看将来还会修改历法的，你可得好好研究这门学问，将来好派上用场。"之推讲到这里拿起杯子啜了一口汤（当时尚不流行饮茶），随即投以嘉勉、希冀的眼光。

愍楚承受了这道他所熟悉的眼光，不禁敛起精神回答道："是的，父亲，我不会让你失望的。"果然，五年后愍楚上书皇帝论修改历法，赢得了许多专家学者的钦佩。

"唔，好！"之推改而打量思鲁，接着说道："这样吧，明天你把师古、相时两人也叫来，咱们一家三代好久没聚聚了。"师古、相时两兄弟是思鲁的儿子，时年分别是二十四岁和十七岁，甚得祖父之推的欢心。

思鲁恭谨地应了声："是！"

思鲁一向稳重、不多话，之推非常喜欢他这一点，认为很有大哥风范。

"你们都读了我新写成的《家训》了吧？我这次可要好好考你们一番。唉，余日无多。"之推一时陷入沉思。

兄弟三人互望了一眼，晓得父亲不欲有人打扰，便鱼贯而出。

关中三月的风尚带有微寒，这时忽然刮起，穿堂入室，掀起之推一片衣角，然而之推静坐如故。

二、序致

颜家祖孙三代聚会后的当天晚上,颜相时在他日记中描绘了当时的情况:

真该死,今天不留神又做错了一件事。父亲老早就叮嘱过聚会那天要早到,想不到我临时因事耽搁了一阵,去的时候,大家都在等我一个人,当全场都在注视我进门时,那种浑身不自在的味儿,到现在仍未消失,想起来就不寒而栗。尤其是父亲投来的眼光中所包含的责备、失望和痛心,更是让我有着百死莫赎的罪恶感,真可怕!

还没进大厅呢,扑鼻就是一阵檀香味,我晓得这是祖父所爱的檀香,它确实有点提神爽气的功效。果然不错,我一进门就一眼见到厅中安置了那座老香炉。

还是祖父善体人意,他似乎是等我落了座,才睁开眼睛问我是否来了,一得知是我来了,便叫我坐在他旁边。我总觉得他是一位世上最可亲近的老人,他的白发、他的和颜、他那一口江南尾音都令我感到亲切,就不晓得父亲为什么那么怕他,是为了恭敬?这就是恭敬吗?恭敬一定要这副模样吗?有机会倒要请教祖父。

那天照例,祖父详细垂询了每一人的课业,父亲取出了诗赋新作,大叔取出了有关历法的研究论文,二叔与大哥各自取出了《〈汉书〉读后感》,都备受祖父赞扬;只有我一人说把整本《庄子》背了起来了,祖父只是点点头,没说什么,看父亲那副神情,我知道我又做了一件不该做的事。真奇怪我把一本天下最难

颜氏家训：一位父亲的叮咛

解的奇书、最有趣的好书背熟了，居然带给大家不快，真莫名其妙，害得我新学会弹琵琶的事也懒得跟他们讲了。（说不定这也是一件不该做的事，我没讲反而可让耳根清净一下。）

我总觉得我跟大哥他们不一样，为什么大哥那样才算好，我这样就不好？我讨厌有人总是拿我去跟大哥比，我大哥会的我不会，我会的大哥不会，各有千秋，这不是可以相辅相成、相得益彰吗？全世界的人都一个样儿，又有什么好呢？

后来祖父要求我们每一个人，平常可要随时取出《家训》来念。大家唯唯诺诺，我觉得很好玩，差点没笑出声来；尤其我看到一向严厉而又严肃的父亲，也跟其他人一样一副诚惶诚恐的模样，不巧又被他撞见，我连忙学他们也装模作样一番。

正当我心神不定之时，祖父又打开话匣子，哇啦哇啦地说起来。他这一番话可以归纳成两个重点：第一是他写《家训》一书的动机，第二是以他自己为例，来说明儿童教育的重要；全是他在《家训·序致》篇的意思。我听得似懂非懂的，只觉得祖父说他的生平比较有意思。

现在我就把我所了解的写在下面。

祖父认为，十三经中圣人所教导人的话，诸如心甘情愿地孝顺、讲话要谨慎、行为不放纵、要在社会上出人头地留下好名声等，实在是非常完备的了。魏晋以来（按：三四世纪）的近代作品，叙事说理都是拾人牙慧、了无新意，就好像屋中加建一屋、床上再搭一床一般的重复。

听到这里，我心里正想："对呀，那祖父写《家训》，还不是'叠床架屋'（按：不想颜相时于不知不觉中，福至心灵，借用他祖父所使用的典故，最先创出此一成语来，可惜死无对证）之举？！"岂料祖父话锋一转，立刻答复了我内心的疑问。

"不错！"祖父说，"我今天所以又要老调重弹，并不敢存心为世间设下规则强人依循；我只是把它当成整治家庭的家规，好来提醒、振奋咱们家的子孙。如此而已。"

下面就突然冒出一句让我听得一头雾水的话，且容我从《家训》书中摘出，抄在这里："同言而信，信其所亲；同命而行，行其所服。"

因为这句话，本人还特地去了祖父的书房，查了《字书》，只见里面啰唆了一大堆，这边引用子思（按：为孔子的孙子）的话，那边则找来《淮南子》（按：为西汉时代淮南王刘安所编著的一本讨论宇宙人生的大书）助阵；结果我想知道的还是不知道，不想知道的却知道了，但是原先目的泡汤了。

我看还是由本小夫子便宜行事、自由臆解吧！经本小夫子悉心胡思乱想之下，这句话当做如下解释：

"同样一句话要教人取信，大家宁愿相信亲近的人所讲的；同样一则嘱咐要教人遵行，大家宁愿遵行心服的人所嘱的。"

但是，当祖父为了要说明上述那句话时，居然只管举例解释上半句，下半句却不予理会。他说："要禁止儿童顽劣的暴行，与其由老师、朋友来劝诫，不如找仆人来遏阻；要防止一般人的打架滋事，与其告以尧舜之道，不如妻子出面讽喻。"

以上两个例子中，第一个例子我完全同意，第二个例子就非我所能知道了，哈，莫非父亲只听母亲的话？

祖父还强调说："我希望这本书都能让你们采信，这样的话，就比仆人、妻子有用多了。"

我正听得快坐不下去时，祖父及时讲了他小时候的事给我们听，我觉得挺有趣的。且让我把他那番话如实记载于下：

咱们家教一向是出了名的严格。当我还在童年的时候，我便得到很好的教诲。常常跟在两位哥哥后面晨昏定省，学着侍候父母；走路有走路的样子，说话有说话的样子，一举一动总是小心翼翼，好像正式拜见父母一般，不敢随便。而父母都是慰勉的话居多。当他们问到我的喜好以及在激发我的长处和改正我的短处时，态度没有不诚恳的。遗憾的是，我才九岁，父母便双双去世，家道也就中衰下去，一个百口的家庭生计就日渐窘迫了。

慈爱的兄长供养我长大，辛苦备尝，我的哥哥心地仁慈，但没威严，督导我也就不严。尽管我读过"三礼"，但是由于偏好舞文弄墨，受到了一般习俗的感染，每每纵容自己的欲望，胡言乱语，不修边幅。

等到了十八九岁，才稍微知道要努力修持自己，但是习惯成自然，已经到了很难改变的地步。三十岁以后，大的过错就少了。不过，总是表里不能一致，弄得口是心非，理智与感情无法平衡。晚上一个人静下来时就察觉到白天所犯的诸多错误，今天则后悔昨天的过失。

我自己可怜自己没有受到好的教养，才会演变到今天这种田地，回忆从前所得到的教训，都是深刻到化为自己的骨血，不同于读那些古人劝诫的书，读完也就忘了。所以才特地留下这20篇，都是我用一辈子的时间换来的血泪结晶，来作为你们的前车之鉴！

凭良心讲，听了祖父后面那番诚挚的话，说来不怕人笑，我真差点掉下泪来。

像祖父这么有修养的人，都对自己这么不满意，看来我可要好好改正自己的缺点才是，一定，一定！

三、教子

这一天，颜之推与他三个儿子讨论到教育孩子的事。

"我认为对于天才与白痴，教育是无能为力的；教育的'用武'对象是中等之资的人。不知你们是否同意？"这位"资深父亲"以征询的口吻说完，等待三位"资浅父亲"的答复。

颜之推这番意见，以今天的眼光来看，会让我们现在的教育家吓一大跳，因为倒很合乎今日最新教育学原理。这会使19世纪才讲这种意见的西洋教育学者黯然失色。

"是的，父亲，我非常同意您在《家训》中所讲的这句话：'上智不教而成，下愚虽教无益；中庸之人，不教不知也。'这与孔子讲'唯上智与下愚不移'的道理差不多吧？"身为长子的思鲁很恭敬地请教之推。

"嗯，你反应倒快，马上找到我抄袭的原本啦，孔子不愧是我们中国最伟大的教育家，有关教育原理方面实在都逃不出他讲的范畴。"

"因此——"之推顿了一下，又说，"我只能在不背离他的原则之下，讲点教育方法。"

"父亲，您在书中讲到有关胎教的事，这真的管用吗？"愍楚小心翼翼地问道。

之推沉吟了一会儿，才说："嗯，这种说法最早见于《大戴礼记》（按：经书之一）一书中，它还明白讲到方法呢。据说母亲怀胎三月时，要避免各种不好的感官刺激，生出三个月后，再请师保来教导，就会很顺手。经书既然这般言之凿凿，必然也有它的道理吧？"

"嘿，看来父亲也不敢太笃定经书所讲的话呢。"游秦如此想着。

之推似乎并未老眼昏花，一眼就瞥见游秦诡谲的脸色。

"可惜怀着你们三兄弟时正巧都碰上战乱流离的日子，那时根本就没办法让你们母亲实施胎教。不然，我就可以亲自证明书中讲的不是胡说八道。"

之推讲到这里，脸上的光彩突地消失，声音也转轻起来。过去离乱的岁月永远是之推无法摆脱的阴影。

思鲁等三人这时不敢吭声。

过了一会儿，之推容色转霁，似乎才回过神地说："咦？咱们谈到哪儿啦？"

"哦，父亲，咱们谈到胎教。"思鲁很怜惜地应道。

"唔，对了，胎教……所以我在书中谈到无法施行胎教的补救办法。如果孩子错过了胎教，那么当他长到婴儿般大小，学会看人脸色、辨别人的喜怒的时候，就应当加以教诲，要他动就动，要他静就静。几年下来，体罚的麻烦就可省掉了。"

"讲到体罚，似乎效果不佳，您不觉得吗？"游秦趁着之推喝汤的空当，插嘴问道。

"问得好！"之推颔首说道，"体罚是有前提的。最好的情况是，父母除了慈爱之外仍保有适度的威严，那么子女自然畏服而生孝心；最忌的是，溺爱之后才来体罚，就一无用处了。

"我看世上的父母对子女光有爱心而不施与教育，总是不敢苟同。这些父母总是让他们的子女在饮食穿戴方面任其为所欲为，在应当劝导的时候反而胡乱褒奖，在应当责备的关口竟然一笑置之。而子女还当道理如此呢，等到养成骄慢的习惯才来制止他，已经太迟了。届时，纵使父母把子女打了个半死也吓不了他，生气的结果只不过徒然使他怀恨不已罢了。这种子女长成之后注定是要做出伤风败俗的事情的。孔子不是说过'少成若天性，习惯成自然'的话吗？而俗话又说：'教妇初来，教儿婴孩。'都是这个意思。

"我再强调一遍，管教小孩体罚是绝对需要的。一般不懂教育子女的人倒不是巴望子女将来犯罪，而是爱惜子女的颜面，以责备为难事，更何况施与体罚所造成的切肤之痛了。有这种想法的父母，请听我打个比方，一个人生病的时候能不给他汤药针灸吗？还有，你们应当进一步想到，那些督导子女的父母难道乐于虐待自己的骨肉吗？实在是不得已啊！"

看来专讲爱的教育、严禁体罚的今天，需要重新反省、咀嚼颜之推这番话了。

之推环顾三个儿子，察觉出他们非常动容。这下之推兴致愈发高昂，话如决堤之水，源源不绝。

"来，让我为你们各举一个成败的例子来说明吧。近代王大司马（按：王僧辩，曾官大司马，这是一个总揽军政大权的官职），他的母亲魏夫人，个性严厉正直。王大司马在溢城的时候，乃是一位统率三千人的将领，年龄已超过四十岁了，想不到有令他母亲不满意的地方，还得接受他母亲的鞭打呢，所以后来才能立下收复首都的功劳。梁元帝时（552—554），有一位皇帝的高级顾问，由于很讨父亲的欢心，故缺乏教养。他只要说了一句中听的话，他父亲便广为宣传，恨不得全世界的人都听到，而且一整年都在称赞他；等到他做错一件事时，他父亲却帮着他弥缝巧饰，希望他自行改正。长大后，婚也结了，官也当了，一天比一天残暴骄慢起来；某一天因为言语顶撞周逖（按：为颜之推在梁元帝朝的同事，曾任一州之长）而被人抽了肠子涂在战鼓上。

"讲到这里，我们应当了解一下理想的父子关系，究竟该如何？我认为身为父亲要保持威严，不可与子女过于亲昵；而在付出慈爱的同时，不可让子女没大没小，随随便便。随便就无法产生父慈子孝的对应关系，亲昵就会使儿子怠慢父亲。

"《礼记》中曾谈到，身为一位贵族最早期的教养是，父子住不同房，但如父亲有疾病痛痒时要尽心侍候，而平日的铺床叠衣犹其余事。前者合乎不使过分亲昵的道理，后者则是合乎不使随便的道理。"

"《论语》中曾提到陈元听到孔子告诉他，作为一位君子，要与自己儿子保持适度的距离，就高兴得要命。请问，他高兴的道理是什么？"思鲁问道。

"是有这么回事。这问题问得好。"颜之推喜悦之情溢于言表，"这是属有教养的人不亲自传授知识给自己儿子的问题。这是因为《诗》《礼》《书》《春秋》《易》等五经中，有些道理诸如性教育方面，就不便由父亲来告诉儿子，所以父亲最好不要亲自调教自己的儿子。陈元的高兴无非是点醒了他这方面的疑难。

"讲到这个问题，我不由得想起另一个重要问题：偏爱问题……先讲个故事好了。"颜之推一时悠然神往于过去某一段岁月。

底下就是颜之推讲的故事。

北齐武成帝有个儿子被封为琅琊王,与太子为同母兄弟,生来就很聪明,一向得皇帝与皇后的疼爱,吃的穿的一切都与太子看齐。皇帝常在人前称赞他说:"这小子鬼灵精一个,将来一定有了不起的成就。"这位亲王就这样放纵成性,是个标准的纨绔子弟。

等到太子登上了帝位,亲王才搬到另一栋宫殿去住,而摆出的派头与排场,一定要在诸王之上。他母亲伟大到嫌他这点派头与排场太过寒酸,甚至把它当成军国大事,来与皇帝据理力争。

这位十来岁的宝贝亲王说大不大、说小不小,他的骄纵与恣肆,在他那种年纪是令人不堪想象的,无法无天也就算了,他居然在服装与用具上硬要与皇帝一样,这就未免太说不过去了。

有一次,他看到御膳房的人正将该季节新出的冰块和李子送去孝敬皇帝,便煞有介事地吩咐从人,也到御膳房去取同样同式的东西来。哪知从人空手回来,他就像疯了似的气得直跺脚,嚷道:"开玩笑,皇帝有一份,我为什么就没有?"我们只能说他天真到不知人间有分际的事了。诸如此类的事发生在他身上不知有多少。

你们说这位顽皮小王最后有何下场呢?真是惨透了。不知怎么的,他看宰相很不顺眼,有一天也不知吃错了什么药,竟然伪造起文书来,假借皇帝名义要杀宰相。为免让对方侥幸逃脱,于是一不做二不休,干脆找来三千军士防守殿门,这样劳师动众,弄得大家误以为他要光明正大地搞政变呢。由于胡闹得太离谱了,皇帝忍无可忍,这才派兵把他抓起来,数落他一顿后才释放。一个多月后皇帝还是杀了他,时年十四岁。这就是偏爱的下场啊!

"如何？"颜之推呷了口汤，望着面面相觑的几个儿子。

"父亲！"愍楚轻轻唤了声，"您不觉得父母难免有所偏爱吗？"

"不错！父母疼爱子女很难做到一视同仁，从古到今自食偏爱恶果的例子可多了。才德兼资的自然要加以赏识和爱惜，顽劣愚笨的也应当予以同情和怜爱。

"想偏爱的父母应当觉悟到，宠之适足以害之。历史上这种例子不胜枚举。汉末群雄逐鹿中原，以刘表和袁绍最具声望和实力，但是两人都因偏爱自己的小儿子，死后把继承权传给小儿子，而激起长子的不满，以致自相残杀而便宜了外人。这都是很好的前车之鉴！

"哦，我还记得我在齐朝的时候，有一位士大夫曾向我夸口道：'我有一个儿子，已经十七岁了，书读得还可以，我现在正让他学讲鲜卑话和弹琵琶，等他学得差不多了，便要他好好去侍候京城里那些大老爷，届时一定很讨人家的欢心。我告诉你这是大事一件哟，可千万别掉以轻心。'我当时听了低头默不作声。这真是异想天开的教育方法啊！就算是真的因此当了大官，我也不愿你们这么做！懂吗？"颜之推最后一句口气有点严厉。

"懂的，父亲。"三个儿子异口同声地回答。

为人父母如果为了子女的前途，不惜毁弃原则，唯利是图的话，这等于父母在为子女示范一件反教育的举动。这对以文明保护者自居的颜之推而言，乃是深恶痛绝的事！环顾今天许多急功近利的父母动辄教导子女，以败坏品行的代价来换取成功，实乃人类文教之大敌！

一千多年后，颜之推最后一段话经明末大儒顾炎武引述于其

《廉耻说》一文中，更令后人传诵不绝！

四、兄弟

这天晚上颜家刚用过饭，凉风习习，但听窗帘敲击着窗棂，发出轻微的响声。

这时颜思鲁兄弟正陪着之推，围坐在餐桌旁。

"思鲁！"之推望着思鲁唤道，"今天你有心事？宫里的事教你为难了？"思鲁当时正充当东宫太子府的臣僚，故之推有此一问。

"嗯……是的，父亲……"思鲁吞吞吐吐，欲言又止。

思鲁不仅感觉出大家的眼光都群集于他，而且也晓得大家正盼望他把心里话说出来。

"其实也没什么。"思鲁深深吸一口气，"反正以前我也稍稍透露给大家听过。"

思鲁顿了一下才说："二皇子似乎很有意问鼎东宫呢。"思鲁口中的二皇子不是别人，正是当今皇帝第二位儿子杨广（按：后来的隋炀帝）。

"鲁儿，这等宫中秘事可别到外面乱讲，知道吗？"

"是的，父亲，我知道。"

"唉，圣上总是夸口，他是古今帝王中唯一一位五个儿子全是一母所出的帝王。言下之意，他是一位不会有家庭革命的好命家长呢。天知道！"

颜氏家训：一位父亲的叮咛

当时皇帝很"敬爱"独孤皇后，曾跟她保证只爱她一人，极乐意当一位没有嫔妃的皇帝。独孤皇后是"一夫一妻"制的忠实信徒，在她的严厉的"家教"之下，杜绝了丈夫任何"走私"的机会。在他们夫妻的爱情结晶中，有五位是壮丁，长男名勇，偏偏一点都不肖其父母，喜欢到处留情，恋爱经验很丰富。再加上比较任性，从不看父母脸色行事，比如说皇帝是一位节俭到近乎自虐的人，而他竟与父亲大唱反调——慷慨得活像一位败家子。皇帝和皇后为太子的不肖而深感难过。这一切都被他们的二儿子杨广看在眼里，便使出了浑身解数，装出一副又小气巴拉又爱情专一的样子，来讨父母的欢心。有道是"家中老二鬼灵精"，这位杨家老二也不例外，他常常伺机在父母面前把兄长描绘成专会危害同胞弟弟的超级高手。而每当他父母不惜要清理门户之时，他便死命乞求父母包涵其兄长之万般不是，而他父母总是在沉痛之余很感安慰地接纳他的乞求。太子杨勇的地位便在他父母"得一佳子（指杨广），夫复何求！"的情况下摇摇欲坠。

"父亲，我苦于身为太子的属下而无能为上官分忧，难过极了！您可否教我？"思鲁似乎有点激动。

本来闭着眼睛的颜之推，这时再度睁开眼睛说道："儿子呀，那是人家的家务事，我们管不着的。"

颜之推看了正身陷痛苦深渊的思鲁一眼，有点不忍，又说："儿子，如果我说'这等事我看多了，少管为妙'，你或许会说我太绝情了。但是，就算是绝情吧！你想管，试问你要如何管呢？嗯，你也苦无对策，对吧？尽管我们平常会同意'每一个人都要为自己的错误付出代价'这句话，但是当我们看到我们熟识的人正成为这句话的活注脚时，我们是会为他感到忧心如焚的。人是渺小的东西,别说无力回天了,连身边陷于绝境的熟人也丝毫无能为力。太子是你的上官,他目前是有难没错,但是他难道自己看不出来吗?相信你们做属下的早就提醒他不知多少次了吧?他可有任何想挽救的行动?没有!对吧?在这种情况下,你还想怎样,又还能怎样?

"唉,撇开这点不谈,我一再强调,这等政治大忌的事,千万千万别碰,你又忘了?忘了你对自己家庭有一份责任?"

这时愍楚看到父亲与兄长均陷于痛苦的深渊中,想方设法转变这种情势,于是他决定不再默不作声——

"请问父亲——"

"啊,什么事?"

"您能不能告诉我们,为什么世上大多数人会不顾兄弟之情、骨肉之爱?"

"唔,问得好。大体说来有两个原因,啊,等一下,师古、相时兄弟现在哪里呀?思鲁你知道吗?"

"大概在书房念书吧!"思鲁回答。

"也叫他们一起来听吧。他们年纪都这么大了,我倒要知道他们两人对这方面的道理领悟多少。"

思鲁立即要人去找师古、相时两兄弟来。

不久,两兄弟都来了,师古到底是兄长,显得较为庄重,相时虽然一副拘谨的神态,但明眼人一看就知道是装出来的,因为他那对骨碌碌的眼睛还漾着笑意,压根就跟他的神态配合不起来。

两兄弟都很有礼貌地一一向长辈问安,然后瞧向思鲁,意思是:"父亲,有什么事?"

"来,来坐这边。"思鲁一边引领他们坐下,一边说道,

颜氏家训：一位父亲的叮咛

"你们祖父要考较你们所学，好好坐着听讲。"

兄弟俩互望一眼，相时还偷空向思鲁挤眉弄眼一番，说有多顽皮就有多顽皮。

"师古！相时！"之推亲切地招呼他两个孙子，"刚刚你们楚叔问我一个问题，就是为什么世上会有兄弟感情不睦甚至互相伤害的情事发生。我的看法是，有三个原因作祟，哦，愍楚你的问题是这样吧？"

愍楚应了声："是！"

"第一个原因，是根本不知兄弟为何要友爱之理。"

之推突然把话停顿下来，转首望着相时，说道："相时，你可知道兄弟为何要友爱？"

"这……"相时显得很狼狈，偷偷瞧了表情严肃的父亲一眼，"爷爷，你这问题——好难——啊，有了，我想到了。因为兄弟从小生活在一个屋宇之下，日久就会生情嘛。凭这点缘分就得要相亲相爱呀。"

"唔，"之推不禁莞尔，"把佛经缘分的道理扯上了，怎么，你最近读佛经了？倒是沾上边了。"

相时听了显得很得意，只见之推颜色一振，又说："相时说的不无道理，但是他不是从根本上来说的。从根本上说，有了人类才有夫妻，有了夫妻才有父子，有了父子才有兄弟。一家之亲就这三个：夫妻、父子、兄弟。从此以后，亲情辐射出去就有所谓的九族，全本于这三种伦理之情的。兄弟这一伦既然如此重要，哪能不亲爱相处呢？

"然后才是相时的说法，好，我就借着相时所说的理路来讲。兄弟本是分形连气的人，在还没长大的时候，父母左提右挈、前襟后裾，吃饭同一个桌子，衣服互相穿着，读书互相切磋，游戏玩在一道。在这种情况之下，就算是心肠歹毒的人，也不能不相亲相爱的。

"不晓得以上道理的人，当然就难保不顾兄弟之情了。"

"思鲁你们——"之推停了一下，问道，"可有要补充我这方面意见的？"

思鲁等人均敛容摇首答道："没有，父亲请继续说下去。"

"好，那第二个原因是，随着客观情势的发展，会使兄弟之情转淡的。你们想想看，等到兄弟都长大之后，各有自己的妻子儿女，就算是忠厚诚朴的人友爱之情也不能不差了一点。娣姒（按：兄长之妻为娣，弟弟之妻为姒）比起兄弟来，亲情更是淡薄多了。今天使这种淡薄的人来疏离兄弟间浓厚的亲情，就好像方底的容器一定使圆形的盖子派不上用场一样。只要兄弟之情深切恳至，就不会让外人有所改变。你们大家要好好在这方面加强。"

"会的，父亲请放心。"思鲁代表大家回答。

愍楚与游秦均俯首称是，师古与相时则互望一眼，相时立即向师古扮个鬼脸，却又被思鲁撞见了，瞪了他一眼。

之推喝了口汤，神情顿时黯淡起来："唉，还是你们兄弟有福气啊。想想我跟你们大伯父和二伯父，几十年下来聚少离多，去年冬天你们大伯父过世……我跟他分于二十年后才跟他重行聚首，大家相处不过六年他又走了。至于你们二伯父远在叶县（今河南省叶城县南三十里）当县长，想要见个面比登天还难。你们大伯父正直敢言，我虽然不敢苟同，但是非常佩服他，别说我佩服，连皇上都夸奖他是'见危授命，临大节不可夺'的那种人呢。"

之推沉默有顷，才道："还是继续我们的话题吧。一般而论，双亲去世对兄弟亲情是很大的考验。事实上这个时候兄弟更应该互相照顾，应该像形体之于身影、声音之于回响那样保持密切的关系。如果真的感念到我们这副身体全是先人所遗留给我们的，就要好好爱惜自己同根而生、同气相连的兄弟，对吧？本来嘛，你不感念你的兄弟你要感念谁呢？双亲死后，双亲的血各自流在兄弟身上，兄弟不亲谁亲？

"不过，话又说回来，兄弟之间大不同于一般人。双方要求太过深切难免滋生怨忿，但是由于关系非比寻常，怨忿来得快，去得也快。兄弟间亲情就好像住屋一样，有了个洞就要堵塞它，有了条小缝就要封闭它，这样才不会有倒塌之虞。要是不理麻雀、老鼠，不防暴风、猛雨，届时一定墙壁垮了、柱梁断了，整间房子报销了。而侍妾就是麻雀，就是老鼠！妻子就是暴风，就是猛雨！多可怕呀！所以说妻子、侍妾是兄弟关系最大的不确定因素！

"娣姒是制造家庭纠纷的温床。就算娣姒是同胞骨肉，也最好让她们离得远远的，这样反而会互相思念而长保感情不致破裂。何况她们原本是陌路人，现在一时教她们处在多争的场所，能合得来的，真是太少太少了。这是什么道理呢？这是因为大家面对这种问题的时候，本当出以处理公务态度的，反出以私情，本当站在重家庭责任立场上的，反站在区区个人恩义上。有没有解决的办法呢？有的！如果大家都能多谅解、宽恕别人，互换儿子来教育，这种祸患就不会有了。

"第三个原因，是明知兄弟当友爱之理却无法实行。这无非是孟子所讲的见利忘义，以及父母偏心使子弟心理不平衡这两项因素导致的。

"我想当今宫内的家庭纠纷很可能是第一、第三原因混合产生的。

"好，我们干脆把这问题改成兄弟为何要友爱吧。除了前面所提的'根本'之说外，还要补充一点。那就是站在整个家族的立场，不可不讲求兄弟之情。你们想想看，要是兄弟不和睦，那么他们的子侄辈就不会友爱；要是子侄不友爱，那么彼此家庭就会疏远。彼此家庭都疏远了，连彼此的仆人都会变成仇敌。这么一来，若是遇到外人的欺侮，谁又会来救呢？人们都很能善待自己的朋友，却不能尊敬自己的兄长，为什么有办法对待许多人却无法对待一人呢！人们在率领几万大军时能够使他们效命，却未能有恩于弟弟，为什么有办法对待疏远的人却无法对待亲人呢！

"七八十年前，南方齐国有个叫刘琎的人，他祖籍是沛国（按：此依东汉行政区划之例，郡与国属地方第二级单位），与兄长刘瓛比邻而居，只隔一道墙壁。有一天哥哥叫他好几声没回应，经过好一阵子才有了反应。做兄长的刘瓛就问他怎么回事，答称：'刚才是因为还没穿好衣服戴好帽子的缘故。'我想用这种方式侍奉兄长，也大可不必。

"三十几年前，江陵有个叫王玄绍的，两个弟弟分别叫孝英和子敏，兄弟三人非常友爱。得到好吃的东西一定要三个人一块吃，从来没有谁先吃的事情。三个人和乐相处，总嫌时日太短。等到江陵沦陷，玄绍让敌兵给包围了，两个弟弟看到这种危急的情势，想都不想就全扑上前去，护住大哥的身体，各求代死。敌兵看了很为难，就放走他们兄弟三人。"

之推一口气讲到这里，突然止住，环顾聚精会神聆听的儿孙们，一眼便瞧见了相时那双灵动的眼睛。

"相时，后面那两则故事，主旨何在？你不妨说说看。"之推考问相时道。

"哦，这简单，爷爷。"相时讲到这里瞥见父亲投来两道严厉的眼光，立即收起满不在乎的回话方式，一本正经地说，"前面一则是说侍奉兄长要适度，不要像侍奉会……会揍人的父亲那样；而后一则是说兄弟友爱的好处。爷爷可是这样？"

"小子，回答我的话便罢了，还拐弯抹角损人，真皮！"之推抬眼望了一下思鲁，吓得思鲁躬身说道，"父亲，原谅孩儿管教无方。相时！过来！"

"思鲁慢来，我没有责备的意思，让我来杀杀他的'皮'气吧！"之推讲到这里，便转首对相时道，"对于爷爷讲的话，你可有意见？"

"唔，我觉得爷爷最后一则故事，是劝人要友爱兄弟，理由是友爱兄弟会有好处。我认为这种诱人以利的说法……"

"住嘴！"思鲁怒形于色，"跟祖父说话用这种态度？"

"别忙，"之推制止思鲁，"我正要让他说，这是辩论，不必太拘于祖孙之礼。相时，继续吧！"

"我是说这种因友爱而捡得性命的好处，似乎对提倡兄弟要友爱不具说服力吧？因为那纯粹是侥幸，不见得每一次一定都能感动敌人或暴徒。"

之推听毕和颜悦色地笑将起来，抚髯说道："有意思，有意思，所幸我这则故事只是辅助性理由，取消亦自无妨。但是，我所强调的是，本来是死定了，岂料因兄弟之情反救了一命，就算如你所说是侥幸吧，友爱尚有侥幸之机会，起码比不友爱连一点侥幸机会也没有要好吧。这样辩解，你可同意？"

"这——"相时一时语塞。

"父亲，"思鲁忍不住插话道，"他根本就是巧词强辩，旁门左道，您根本不必理会他。他年纪还小，懂什么！"

"不然，"之推伸手制止道，"他也有他用心之处，不可小看。好，我们今天就到此为止吧。"

当众人正待离去之时，之推突然睁开眼睛，要相时留下来陪他。

五、后娶

一个凉爽的下午，思鲁兄弟三人都在厅堂休息。思鲁那幅《雪夜勤读》的画已到了快完工的阶段，愍楚正在临摹夏侯玄《乐毅论》的帖书，游秦则在抚琴弹奏那曲动听的《猗兰操》。

在游秦奏完《猗兰操》，余音兀自绕梁不绝之际，一位容止端庄、衣着朴素的妇人穿帘而入。

"鲁儿、楚儿、秦儿，都好啊，秦儿的琴艺可是更上层楼了。"她一进门便一一打招呼，霎时仿佛满室生春一般。

只见思鲁等人纷纷起座，恭敬之中掩藏不了欢喜地同声喊道："母亲！"

这位妇人正是与颜之推共患难几十年的正室妻子，她娘家姓殷，是魏晋南北朝时期的大家族，三百多年来殷家的政治、社会地位崇高无比，难得她这个豪门巨室的千金小姐跟之推吃了几十年的苦。

"母亲，"游秦把琴摆好，率先问道，"父亲在舅舅家做客已有些时日了,他几时回来?"

"看,这不是他来的信?"颜夫人展示了手中所持的一封信。

"母亲,"思鲁有点迫不及待,"里面说了些什么?"颜夫人看了三个孩子一眼,便取出书信念了起来。信中洋溢着颜之推对家中每个人的关爱之情,最后还勉励每一个人努力做一位有教养的人。

"这次你们父亲实在不想去,要不是我苦劝半天,他也不愿违背他的原则。"颜夫人有点歉意地说。

"这固然是你们舅舅咎由自取,怨不得旁人,但是他心情不好,也该去看看他。"颜夫人沉吟半响,才又吐露了一句话。

"母亲,"思鲁小心翼翼地说,"当初舅舅要再娶的时候,父亲不是劝他不要这么做吗?"

"是啊,劝是劝了,想不到你舅舅的学识、胸襟超人一等,就是在这节骨眼上想不开。你表弟基谌,也已娶妻生子,在这种情况之下,你舅舅又娶了一位年纪与你表弟相仿的王姓女子做继室,你表弟当然很难堪了。据说你表弟那天在拜见后母时,都难过地哭了起来,家人都一块陪着掉眼泪。那位王小姐也觉得不是滋味,也难怪人家老吵着要离婚了。你舅舅老来无端惹出这场家庭风波也着实够苦。所以我才要你们父亲无论如何也要走一趟。"

"母亲,"愍楚问道,"你说这事要如何解决?"

"依我看,还是让人家小姐离开好了,虽说你们舅父年纪大了,需要有个女人来照料,但也不必要娶个继室啊!"

颜夫人讲到这里顿了一下,环顾了三个孩子后,才有点怜惜地说:"你们总还记得平日父亲教你们不要娶继室的道理吧?"

"记得！"三人异口同声回答。

颜夫人把目光集中在思鲁一人身上，思鲁立即会意，清了一下喉咙，说："记得父亲曾对我们这么说：'对一般人而言，后夫多半宠爱前夫的孤儿，后妻一定虐待前妻的儿子。不单单是女人怀有嫉忌的感情，即使是男人亦不免有糊涂的毛病，这也是时势使然。何以故？前夫的孤儿不敢与我的儿子争家产，所以落得大方去照顾、培植他，不免日久生情，竟然宠爱起来。前妻的儿子往往年龄大于己出，对其做官、求学、结婚等事被迫不得不严加防范，施予虐待也是极自然的事。后夫宠爱别人的儿子，难保不被自己儿子埋怨，后妻虐待别人的子嗣，同父异母的兄弟之间一定结仇；一个家庭如有这种情况，家庭悲剧迟早会发生。'母亲，可是这一番话？"

思鲁讲毕，带着征询的口气请示颜夫人，得到了她的点头嘉许。

之推这番后夫与后妻对待他人子女不同态度的剖析，专从情势的客观条件立论，堪称鞭辟入里，即便是在今天听来，亦颇合一般实情。

"关于这点，"颜夫人接过愍楚端来的一杯汤，喝了一口，又说，"江南与河北的风气不太一样，江南的人不致把妾生的庶子当成见不得人的事，因此一个男人在死了妻室之后，大多讨妾来操持家务，而正房妻室的位子始终虚悬在那里。鸡毛蒜皮的小纠纷或许不能免，但是大的冲突是闹不起来的，所以兄弟间的阋墙之争可以说少之又少。河北就不一样啦，河北的人把不是正室生的儿子当作耻辱看待，在人前是抬不起头、直不起腰的，所以一定要重新结婚，多到三四次也是常有的事。这么一来，后母的年纪有比儿子还小的。而且，后母生的弟弟和前妻生的哥哥，在衣服、饮食，甚至结婚、做官方面，都有天差地别的双重标准存在，而一般世俗也习以为常。等到男主人一死，这下可热闹了，衙门一天到晚专门处理他们这家的官司不说，互相诽谤的话也充斥于大街小巷，儿子诬赖母亲是妾室的身份啦，弟弟把哥哥的身份贬低为仆人啦。这还没完呢，到处散播先人的坏话，时时暴露祖先的缺点，只为了证明自己是对的一方，多可悲呀！

"怪不得你们父亲会说，自古以来奸臣佞妾用一句话就把人害惨、整死的事，太多太多了。何况夫妇之间的恩义一旦断了，那些婢仆为求被继续收容，当然会帮助主人做伪证，长年累月下来，哪还会有孝子？这实在不能掉以轻心啊！"

这时憨楚忍不住插了一句话："母亲，我看这是个别差异吧，不是普遍的人性弱点……"

"孩子你的意思是？"颜夫人依旧是那副慈祥的笑容，但是有点不解地问道。

"哦，母亲，我的意思是说有些高明的人应当不会受这种一般世俗的局限。"

"哦？"颜夫人一扬眉，"是这样吗？你们总该同意尹吉甫是位贤德的父亲吧？"

颜夫人等三个儿子颔首后，又问："他的儿子伯奇是位孝子吧？"

颜夫人看了点头称是的三个儿子后，把目光盯在窗上徐徐说："憨楚，你点头是表示完全同意，一点儿都不勉强吧？"

"母亲，"憨楚有点惶恐，"您怎么了，这么认真？"

颜夫人闻毕不禁莞尔，"是这样的，因为这是关键之处，我怕你们不把它当一回事，这么一来，你们父亲一生的心血也就白费了。他，唉，他忍气吞声了一辈子，还不是为了你们，为了颜家家族能绵延下去，能作为一个有教养的家族代代绵延下去……但愿你们不要辜负了这份苦心。好，让我们回到方才的问题，吉甫与伯奇是历史上公认的一对贤父与孝子的典范。按说贤父对待孝子，合该好得没话说了。哪知等到尹吉甫重新再娶一位妻子后，不仅引进一位女人，而且也引进一场家庭悲剧……"

下面就是颜夫人所说的"家庭悲剧"。

有一天这位新嫁娘跟丈夫说："伯奇这小子不是人，他看我长得漂亮，就有了邪念。"

吉甫说："不会吧，你看走眼了，他心地善良，哪里会这样？"这位历史贤父排行榜上的天字第一号人物到底有几下子，不致三下两下就叫人给唬住了。

这位新夫人很平静地又说："麻烦你把我放在楼上一间空房子里，然后你到楼上偷偷观察，包你看了满意。"

吉甫依了。他这位夫人就抓了一只蜜蜂（也不知去了毒螯了没有）放在衣领上，进房间后就叫伯奇来抓蜜蜂。

尹吉甫偷偷上楼一看，不看还好，看了气得差点吐血。只见伯奇把他那只下贱的手伸进他后母衣领中不守规矩起来，吉甫不由分说，气得叫伯奇滚蛋，还扬言哪天被他撞见一定杀了他。

从此以后，这位心地善良的孝子在他"贤父"心目中，只是一位下作得不能再下作的逆子。

颜夫人讲完这则悲剧后，顿了一下，又说："这事后来大家都引以为戒，连历史上的大孝子曾参在妻子死后，听到两个儿子曾华、曾元劝他续弦的好意后,也吓得对他儿子说:'我比不上尹吉甫,你呢,比不上伯奇。我看算了吧。'汉朝的王骏丧妻,也对人说:'我比不上曾参,我的儿子也比不上曾华、曾元。'因而谢绝了人家劝他再娶的好意。曾参与王骏两人都终身不再娶。前贤的典范在这里,我们还能不留心吗?但是历史上像曾、王两人深知人性弱点的人少之又少,世上多的是惨虐遗孤、离间骨肉、伤心断肠的人间恨事。能不谨慎从事吗?唔,能不谨慎从事吗?"

据载,曾参之事与颜夫人所说略有出入。曾参的后母待曾参很坏,但是曾参仍然毫无怨言地供养她。曾参的妻子对他的后母当然就不像他那般好。有一天曾参发觉他妻子拿不熟的蒸肉给他后母吃,就毫不容情地叫她走,他自己也因此终身不娶。后来他的儿子曾元不忍父亲长年孤苦,就劝父亲续弦。不想曾参竟然非常反对,他说:"殷高宗(按:为商朝名王,名叫武丁)因为后妻的关系冤杀了自己的好儿子孝己,尹吉甫也因后妻的关系错怪了自己的好儿子伯奇;我上不及殷高宗,中不及尹吉甫,天知道到时我会做出何等糊涂的事来!"

游秦是对《汉书》很有研究的人,一听母亲提到汉朝的历史,就忍不住说:"母亲提到王骏的事,我也在《汉书》中看到过,《汉书·王吉传》说:王吉的儿子王骏,在当少府(按:为皇家账房)时,妻子死了,却不再婚。有人觉得奇怪,就问了,他回答说:'我的道德比不上曾参,我的儿子也比不上曾家兄弟,我怎么敢再娶?'"

游秦兴致盎然,他偷眼看大家并不认为他是在多事,就很大胆地又说了:"我最近新读了一本很好的历史书,是近人范晔所写的《后汉书》,里面也有一则有关续弦的记载,想在此提出,供大家参考。"

"有何不好，"颜夫人鼓励道，"说来让我们听听。"

游秦得到母亲的鼓励，精神为之一振，说："《后汉书》中提到，安帝时汝南地方有位叫薛包的，字孟尝，学问好，品格又高，母亲死了以后服孝期间很尽孝道，得到乡里的激赏。等到父亲再婚，后娘很厌恶他，要他走。薛包从早哭到晚，就是不忍离家，最后搞到惨遭毒打，才不得已出来，可又不想走远，便将就在屋外搭了个窝棚住了起来，每天一大早就潜入家中义务打扫。他老爹得知他偷偷进屋，气得不准他住在家附近。薛包没办法，只好搬到离家一里的地方去住，每天清晨傍晚仍旧去家里探视父母，几年下来，居然感动了铁石心肠的父母，许他搬回家来。一场家庭悲剧就在薛包坚毅的傻孝心下侥幸化解了。后来父母死后，他独自守丧六年，他那些弟弟要求分产，实在拗不过，他只好忍痛同意。他要的财产都是人家不要的，比如奴婢他要的是年纪大的，理由是：'这几位与我一起多年，非你们所能使唤。'田产房屋则专捡荒芜倾塌的，理由是：'这是我小时候整顿过的，我对它有感情。'器具则尽挑破败的，理由是：'这是我使用惯了的，比较熟悉它们的性能。'后来几个弟弟都胡乱破产了，他就前往救济。汉安帝建光年间，朝廷打听到他卓越的才能和崇高的品德，便派专车来按他去荣仕皇帝的侍从秘书。无奈薛包生性恬淡，借口生病而不去，政府不准，他更以死相求，政府没有办法才不勉强他。

"怎么样，这则事例是否能够折中母亲的悲观论和哥哥的差异论？"

颜夫人忍俊不禁，笑骂道："胡说八道，什么悲观论、差异论的，别乱造词了。不过……"

"母亲,不过怎样?"游秦很感兴趣。

"我想你这个例子,仍然很难驳倒我所说的,男人续弦后便唯新夫人之命是从,必要的时候不惜牺牲前妻的子女。因为薛包父亲的行径就是如此,这场家庭悲剧之所以没有扩大,诚如你所说,关键在于薛包的愚孝。我们实在很难要求世上每个子女都能跟薛包一样,既然这是很难办到的,我们就不要寄望于这渺茫不可靠的事上,还是回头致力于'釜底抽薪'之计吧。只要男人不续弦就不会有这种家庭悲剧,大家千万记住。这种事我也要你们好好告诉你们的儿子。好了,就这样吧。"

大家跟着颜夫人一起站起来,这时窗外日已西斜。

六、治家

"哥,你忙吗?"

师古从书堆中探首出来,瞧见相时站在门外,便应了声,要他进来。

"有事?"师古皱了一下眉。他一向很怕见这位鬼灵精的弟弟。

相时瞥了书案上摊开来的《汉书》一眼,回答:"嗯,不过看你那么用功……"

师古立即把书合上,说道:"你又有什么鬼名堂啦?"

"哥,你这么说,不是太言重了吗?也没什么事,就是那天父亲把祖父那套治家想法教给我们,我加以整理之后,有些不解，想跟你谈谈。你看，这就是我整理的。"相时说着，就将那份整理的资料递给师古。

师古也不搭腔，就取过来看。

下面就是相时的笔记：

长辈对于晚辈有着人格陶冶的表率作用。所以，当父亲的不慈则当儿子的一定不孝，当兄长的不友爱则当弟弟的一定不恭敬，当丈夫的不尚义则当妻子的一定不顺从。如果父亲慈祥而儿子乖逆，兄长友爱而弟弟桀骜，丈夫讲义而妻子骄悍，那么后者都是天生的恶棍，只有刑罚才能震慑得住，不是训诫诱导所能改变得了的。（相时按：足见祖父是把人分成了可受教与不可受教两种，前者和后者正好分别是道德和法律的施行对象。换言之，身教的道德教育是有其局限的。）

家庭管理可分成人事管理和经济管理两种。人事管理是没有办法不讲体罚的。一个家庭中一废弃体罚，那么那些未成年的小鬼一定犯过累累。这就像一个国家，刑罚实施得不妥当，那么老百姓就会无所适从。管理一个家庭就好像管理一个国家一样，总得宽猛并济，过宽或过猛都不好，难免会出纰漏。

梁元帝时代（552—554），有位政务见习官管家的分寸没能拿捏好，过分严格苛刻，致使妻妾们共同出钱，请了一位杀手，趁着他喝得醉醺醺的时候把他杀了。

而世上的名士只管宽大仁厚，竟连日常饮食的花费也任僮仆偷斤减两，答应人家的捐献遭妻妾七折八扣也不吭声。于是乎，这些僮仆和妻妾越发猖狂起来，胡乱跟宾客勾三搭四不说，鱼肉乡人之事更是他们的拿手好戏，这也算是家庭的败类啊！

人事管理上的过分宽厚和怜悯之心是有差别的。兹举二例以明之：

北齐有位叫房文烈的高级官员，秉性温厚，从来不乱发脾气。有一年洪水为患，年成不好，房家也遭到断粮的厄运，房文烈遂派遣一位婢女去买米，不想这位婢女竟然趁机开溜，三四天后才抓到她。房文烈慢条斯理地说："全家都没东西吃，就巴望你一个人回来，你跑去哪儿啊？"也不鞭打她。有一次房文烈把房子借给一家穷人使用，哪知这家人把房子内凡是能燃烧的全拿去当柴烧掉。他听说之后只是皱了一下眉头，也懒得多说一句话。

梁朝有位叫裴子野的，只要是疏亲故属穷得衣食没有着落的人，都加以收留。而他本人家境也不大好，有一年遇到水灾，家里只有二石存米，做成稀饭才勉强大家都吃到。裴子野也跟大家一样喝稀饭，一点都没有厌恶的神色。

讲起家庭经济管理来，还是孔子这句"奢则不孙，俭则固。与其不孙也，宁固"最管用。对于这个，孔子还有一句话，也讲得不错："如有周公之才之美，使骄且吝，其余不足观也矣。"显然孔子是劝我们可以节俭但不可以吝啬了。

什么叫作俭呢？就是节约用度符合社会规范。什么叫作吝啬呢？就是人家贫穷或是有急难不予救助。当前我们社会的问题是，每每施与流于奢侈，而节俭流于吝啬。如果能够做到施与不奢侈，节俭不吝啬，那就好了。

兹举过于节俭而流于吝啬的两个例子如下：

北齐时代邺城（今河北省临漳县）中住着一位将军，贪得无厌，家有僮仆八百人，犹觉不够，因为跟他发誓满一千人的目标还有一段距离。他规定每人每天的饭钱以十五钱为准（相时按：与一般低收入的家庭相仿），遇到有客人来访，请客的钱便从各人吃饭钱中摊派。后来东窗事发，财产充公，总计：光是麻鞋就有一房子，而破衣服竟堆满好几个仓库，就别说其他财物有多少了。

这位将军大老爷不是别人，正是库狄伏连是也。一家百余口人，六月的三伏天，家人食用只是仓米两升，不给盐、菜，以致家人面有饥色。冬至那天，亲戚来道贺，他妻子用豆饼请客。伏连心疼不已地问："这豆是怎么来的？"妻子心安理得地答道："这是我废物利用来的，我一向从喂马的豆中偷斤减两，好不容易储存不少。"伏连听毕，暴怒得像得了失心疯，负责喂马的人被他打了个半死。凡是皇帝赏赐的东西，他另外藏有一库，派遣得力婢女一人专管钥匙。每当入库检阅，一定很郑重其事地向妻子解释说："这些都是公家东西，不可随便乱动。"他后来被杀，看来也是白白经营了一场。

南阳（今河南省南阳市）有个人，产业大得惊人，却吝啬得让人觉得可怜。冬至那天，女婿来拜见他，他只取出一小瓶酒、几块獐肉，就算是尽了地主之谊。女婿当然嫌他过于小气，就一口气把那瓶酒喝光。做主人的老丈人只差点没吓得把眼瞳撑破了，女婿喝完那一小瓶后，主动又去找两瓶来喝。老丈人没办法，只得找自家女儿出气，斥责女儿说："好啊，原来你丈夫贪杯，怪不得你总是寒酸。"等到他死后，几个儿子就为了他那一辈子吝啬所得的穿当大打出手，结果哥哥把弟弟杀掉了。

由此看来，吝啬换来的是如此惨痛的祸患，我们还能吝啬吗？（相时按：吝啬似乎与蒙祸无必然关系吧？）

一个家庭中最头痛的问题，是女人的问题。家中女人最好只让她们照料好三餐和衣服之事。以国家而言，绝不可让她们参与政治；

· 071

颜氏家训：一位父亲的叮咛

以家庭而言，绝不可让她们主持家务。女人要是才智很高，其见识可以通达古今，正好可以辅佐丈夫，并设法补救丈夫的缺点。如能这样，才不会有像母鸡代公鸡报晓这样的事情发生，而惹出祸端来。

（此处，女性读者看后切勿勃然大怒，立即怪罪颜之推是位标准的大男人主义者。当时的社会是个以男性为中心的社会，女人不像男人，可以享有充分的教育，所以难免在教养上逊于男人；在这种情况下，男人为主比较强过女人为主了。在今天，如果不把颜之推的话看得太死的话，我们可以这么说，男女在家庭中所扮演的角色，最好的形态是一主一辅；至于谁主谁辅，那就取决于男女的磋商和协调了。实际上，如果一定要男女平等，在一个家庭中男女各为一个头的话，那么就如同一个人有两个脑袋，不知如何是好了。）

祖父曾在南北两处的政权待过，他说南北两边妇女的作风，可以说是大相径庭的。在社交方面，江南的女子几无任何交游可言。别说平常交游了，就连夫家以及娘家双亲的家，十几年没登门造访也是常有的事，全靠通信问候，或是逢年过节请人送礼过去，这样而已。邺城地方的风俗就不一样了，家务全赖女人主持。到衙门打官司、送往迎来、招待宾客、为儿子奔走权门攀关系、为丈夫吹嘘啦等事都包在女人身上；总是把家装点得热热闹闹的，以致访客的车子堵死了街道，家人大大小小穿的都是最高级的服饰，硬是让人看得羡慕死了。这大概是鲜卑拓跋氏在平城（今山西省大同市）建国初期的遗风吧！

南方贫苦人家特别讲究外观，驾驶的车子和穿戴的服饰，一定整治得光鲜无比，但家人、妻子挨冻受饿也不管一下。一般河北人就比较有家庭观念，让妻子穿着名贵的绮罗绸缎、佩戴金翠首饰，认为是天经地义的事；至于代表社会地位的代步马匹就任它瘦弱一点吧，服侍的仆人和仆隶也就不理会他的三餐不继了。

河北妇女比起江东妇女，不管是在丈夫心目中的地位还是社会地位，都来得吃香。这样一来，她们是否比较好吃懒做呢？不见得！河北妇女在女红手艺方面，超过江东妇女不知有多少。（相时按：祖父在这个地方没能明确指出，河北妇女和江东妇女到底孰优孰劣，真不明白他意之所指为何。）

周朝开国军师姜太公说："养育女孩子太多，经济上不合算。"汉末宦官的死对头陈蕃说："强盗不向养有五个女孩的家庭下手。"女人是家庭的包袱，是人尽皆知的事实。但是女人也是人，她也是父母所生，对于这种严重的社会问题，我们又该当如何呢？可怕的是世上的人多不愿意生育女儿，万一生了也随意杀害。怎么可以这么做！做了又哪有资格祈求上天赐福呢？

（古代中国是个农业社会，需要的是可以种田的男性人力，女性人口遂被视为不仅无益于生产，而且徒然消耗有限粮食的"社会害虫"。当全国可耕地无法扩充，而人口却不断直线上升之际，解决粮食不足的原始办法是：杀女婴。如此还未能妥善解决的话，只好诉诸战争，以减轻人口压力。在此，我们看到颜之推站在人道立场，反对这种作风。但这是难倒古代所有中国人的老问题，颜之推空有仁心也是无能为力。）

咱家有一位关系很疏的亲戚，家中供养着许多家妓，遇到有人分娩的时候，就派男仆守在门外；要是生下女孩，就强持而

颜氏家训：一位父亲的叮咛

去，也不理会女孩的母亲哭天抢地地啼泣。谁碰上这种惨状都没法抢救，而听了那母亲的啼泣声，就教人终生难以忘怀。

男女之间的差异，似乎是无法抹杀的事实。女人大抵宠爱女婿，而虐待媳妇。宠爱女婿嘛，自己儿子就会因妒忌而埋怨母亲，虐待媳妇嘛，自己女儿就会受鼓励而谗毁媳妇。一位女孩子不管怎么努力，都无法讨到夫家欢心的原因，关键在于婆婆，以致俗谚云："想要吃顿婆婆饭，都得先饱受她的啰唆。"家庭中这种无法避免的弊病，难道不应引以为戒吗？（相时按：祖父只提出问题，却无解决办法。）

（尽管我们今天的社会与颜之推时代完全不同，但是，"丈母娘看女婿，愈看愈欢喜"不仅不变，而且女婿与丈母娘之间会面的次数，不知多过他与自己母亲会面次数多少倍而有余。）

咱们的九世祖颜含公指示子孙，结婚对象千万别找权势家庭的子女。近代人嫁娶都贪图对方钱财，才有卖掉女儿索取巨款、买进媳妇送出财物的现象。因此结婚那天，就好像到菜市场批货一般，斤斤计较地细检何种原定物品短缺了，何种物品又不合规格了等，结果就难免有人碰到好吃懒做的公子哥儿娇婿，有人引进凶霸如虎的小姐脾气悍妇。贪图荣利，反招耻辱，岂能不小心？

（双方家境过分悬殊，是不宜结婚的。彼此家庭经济条件的差异，决定了双方家庭成员价值观念的差异，这就构成了相处的基本困难。此其一。家境好的一方每每向对方摆出一副骄傲态度，而家境差的一方又往往在对方面前抬不起头，不管是哪一种，都是男女相处的障碍。此其二。何况还不仅止于当事者男女双方而已，还涉及彼此其他家庭成员的种种问题,这就更加复杂了。此其三。我想颜之推"勿婚势家"的警告,对今天的我们还是相当管用的。)

最后,谈谈家庭中最最重要的必备之物:书籍。向人家借书可要好好爱护,借来的时候先查看有无损毁之处,若有损毁立予整补,这也是读书人该做的一百件事中的一件。济阳地方有位叫江禄的读书人,若书还没读完就突遇急事,一定会把书卷整理妥当才起身离开,所以他看的书都完好如新,以至于人家都乐于借书给他。

(我们除了当建立妥善保护所借之书的道德,还当建立借书必还的道德。想想书是用钱买的,其实也就跟钱一样。一般人只晓得借钱不还是不对的,却不晓得借书不还也同样不对。就某种意义而言,借书不还的过错,尤甚于借钱不还。21世纪的今天,我们应该把借书会还列为一位有教养的人的一项极重要的品格。相信今天有许多好书成痴的人,正饱受借书不还之苦。借书不还的人殊不知他所借之书,耗费书主多少精神才买下它来,买下读毕还写了一些心得在里面,现在你久借不还,等于是损害书主无可计量的心血。)

有人看完书之后,随手就把书往桌上一搁,弄得满桌狼藉,无知小孩或是婢妾就在书上乱涂,有时更不免受到风雨虫鼠的伤害。我每次读到圣贤之书,总是不由自主地肃然起敬。如果纸片上写有经书的词句,或是贤人的姓名,这张纸就不敢拿去胡乱使用。

师古松了一口气,总算读完了这篇长文。相时看到师古一面读,一面皱眉头,知道有些用字遣词一点敬意都没有,很不合一向正儿八经的哥哥的口味,内心暗自感到好笑,却也不管他。

"怎么样?"相时有点迫不及待,"我没有扭曲爷爷的意思吧?"

"这倒没有,你何不当场与父亲讨论,为什么来烦我?"

"唉,"相时一屁股又跌坐在胡床(小矮凳)上,一副一言难尽的模样,"你知道父亲总是对我疾言厉色惯了,你想我跟他讨论得起来吗?别开玩笑!"

"好吧,"师古似乎觉得"是祸躲不过","你提问题吧,可别指望我能解决你那些稀奇古怪的问题。"

相时听了大喜过望,立即从胡床上一跃而起,搓搓手,说道:"好,第一,祖父提到治家的原则为宽猛并济,请问它的标准为何?"

师古思索了一下,答道:"我想他的意思是,对明理者宽,对不明理者猛。"

相时赶紧接口问道:"万一明理者也有不明理的时候呢?不明理者也有明理的时候呢?还是照旧?明理与否又是怎么区分的?"

"这……"师古一时语塞,一眼瞥见相时狡猾的眼神,不禁冒火,大声说,"有教养的成年人总是明理的,小孩、僮仆、女人总是没教养的,也是不明理的。没什么明理的有不明理的时候,不明理的又有什么明理的时候。哪有这般啰唆?"

"大哥,急不得,有话好说。我认为祖父这个治家原则不宜看得太死,人固然可分为明理和不明理两种,对于前者是要宽点,对于后者是要猛点,但也不能一成不变呀,有时也要就事论事,不能因人而治。"

"瞧你，你还是同意我所说的明理与不明理之分，我可没说就根据这种两分法，去死板板地执行宽猛并济原则啊。"

"好，好，就算咱们哥儿俩扯平。"相时双手猛摇，又说："还有第二，祖父认为吝啬会蒙祸，我看没必然关系吧？"

"当然没必然关系，祖父只是举例说明吝啬的害处，你可别看得太死！"师古于"看得太死"四字特别强调，聊报方才"一箭之仇"。

"我可没看死，是祖父举例不当，你总得承认这一点吧？"

师古"哼"了一声，不吭气儿，算是勉强同意。

师古听到弟弟乱造名词，觉得又好笑又好气，尽量抑制，让弟弟自讨没趣自行离去。

果然，相时一看计谋不成，只好跟师古告扰一下，悻悻然走了。

师古待相时走后，才重重吐了一口气，低语一声："好险！"

哪知这时相时又突然探首进来，"哥，你好险什么？"

"你……"师古吓了一跳，气得说不出话来。

相时这才得意扬扬，扬长而去。

七、慕贤

在叶县（今河南叶县）北五里许的京襄官道上，有一老一少骑一驴一马，缓缓地走着。初春的北方仍不见一丝绿意，那老人穿着一件深褐色氅衣，在一片浅色的旷野中显得格外抢眼。从老人神情瞧去，精神还算健旺。

这时只听那骑在马上的精壮汉子正对着老人说："爹，您要不要歇一歇？"那汉子一片关怀之情跃然脸上。

"怎么？你也把我看得太老了。"老人抗议道。

"这哪是看轻您，确实也走好久了，也该歇息一会儿了。人不累，牲口也会累啊。"

老人听了，屈身拍拍全身墨黑的驴头说："老黑呀，老黑，又要辛苦你了。"然后一抬眼，遥指前面，说："那就到前面那片枣林再休息吧！"

"咦！父亲您怎么一眼就看出前面是枣林？我仍看不清楚呢。"

"哈，果然吓你一跳。不是我眼尖，而是我记性好。让我想想看，楚儿你今年几岁？"

"三十八岁啊。这？"这汉子显得一头雾水。

"这就是了，我三十八年前经过这里啊，我怎会忘掉？唉，孩子。"老人顿时陷入沉思。

这老少二人不是别人，正是之推与愍楚父子。之推到江南做客，由愍楚负责去接回来，途经叶县，让颜之善拦下来，款待了一天。今天颜之推才和白发苍苍的二哥颜之善依依作别，此刻刚离开叶县没多久。

颜愍楚在枣林前缘驻马，观望了一阵，这才服侍颜之推下驴。颜之推默然走到一棵大枣树前，抚着树干，久久不语，良久才说："树犹如此，人何以堪？"

颜愍楚知道父亲此刻所言，乃是引用《世说新语》中桓温的一句话。他上前扶了父亲一把，骇然地望着一张老泪纵横的脸不解地问："爹，您没事吧？您……"

颜之推忙不迭取出手巾擦眼泪,颜愍楚屏息以待。颜之推回头歉然地看了颜愍楚一眼,语气格外温和地说:"瞧,把你吓成这个样子。孩子,我没事,只是不堪回首当年,想当年你尚在襁褓之中,我们一家人被北兵押解,经过这片枣林时,当时的枣树哪有今天这般高大,不想一晃就是三十八年,眼看你就要步入中年,而当年的这些小树也已垂垂老矣。唉!"

愍楚一听,暗自松了一口气,赶紧凑趣说:"爹,您也真是的,您如今可是名满天下的大儒,要是让人知道您'望枣兴悲',岂不太那个了。"

颜之推斥道:"无知小儿,你胡诌什么?"

愍楚抢白道:"这可不是我说的,这一路打江南回来,有多少人当您面道仰慕之忱,连大舅与二伯都对您说:'一别数十年,不意今日得见,你已是一代儒宗。'爹,这我可没乱说吧?"

这下颜之推不但没有辩驳,而且愀然不乐起来。

"父亲,"愍楚小心翼翼问道,"我说错话了吗?"

颜之推摇头,应道:"不是,我是在为你二伯惋惜。"

"惋惜?"

"你可知道,二伯真正佩服的不是我,而是你们兄弟,知道吗?而这也是他伤心的地方。试想你那几位不成才的堂哥,叫他怎么不难过?"

"……"

"你二伯埋怨他运气奇坏,始终在当小县城的县令,连带耽误你一众堂哥的前途。嘿,讲到这里,我可要考你了。为什么说一个年轻人在小县城待着就比较不会有前途呢?"

"您的意思是,小县城有跟大都会比较的意思啰。"

"唔，"颜之推捻须道，"可以这么说。"

"通常文化中心都在大都会，小县城当然都是文风差些了，一个人在年轻时候学习力最强，如果老在小县城住着，错过时机，这一辈子就难得出头了。嗯，就这样。父亲，我这么说可通？"

"先别急，"颜之推阻止道，"且让我们一面上路，一面慢慢谈吧？"

愍楚这才警觉已在枣林畔休息了好长一段时间，便应声扶着老父上驴，自己也跟着上马与老父并排骑着上路。

"楚儿，我们接着刚才的话谈下去吧。嗯，刚才是谈到……"

愍楚立刻把方才讲过的话重复了一遍。

之推接着讲道："大都会为何能成为文化中心呢？"

"因为大都会聚集了许多贤士能人的关系。"

颜之推听到这里，欣然色喜，说道："一个年轻人如果有心学好，那么他到大都会去，就不愁没有学习的榜样了。可是这样？楚儿！"

"是的，爹。"愍楚敬领教示。

"古人说：'千载一圣，犹旦暮也；五百年一贤，犹比髆也。'（按：意谓圣人一千年才出现一位，时间未免短得像早晚一样；贤人五百年才出现一位，空间小得像两人并肩一样。髆，肩甲也，音bó。）意思是说人一辈子想碰上圣人或贤人，要靠机缘凑巧才遇得上，乃是一件极其难得的事。要是运气好，这一辈子真让你遭逢一位不世出的明达君子，哪里可以平白任他失之交臂而不设法亲近他呢？

"我生在乱世，在兵荒马乱中长大，到处流亡，听来的和看来的可真不少，遇到极有声誉的贤人，没有不心醉神迷的，总是想尽办法从他身上掏值得学的东西。人在少年的时候，可塑性尚强，在贤人的熏陶之下，即使无心仿效，在不知不觉中居然也跟他言笑举动神似起来，这自然是潜移默化的道理。而那些有要领可讲的才艺，寻访名师指点更是不在话下。所以说，跟好人住在一起，就好像进入香喷喷长满兰花芝草的房间，待久了也自然芳香起来；跟坏人处在一起，就好像走进臭鱼铺子，混久了也自然染上臭味。怪不得墨翟（按：战国时代九流十家之一）看到人家染丝，要黄就黄，想黑就黑，不免悲从中来，就是这个道理啊。

"一个想要做君子的人一定要谨慎交朋友。孔子说：'无友不如己者。'（按：意即不要结交不如自己的朋友。）像颜渊和闵子骞这样的好学生，一辈子也难得碰上一位。只要比我好，就值得你去结交了。"

颜之推顿了一下，看愍楚正聚精会神地听着，又接着说："人有许多障蔽，像重视耳闻忽略目睹啦，侧重远处的人看轻身边的人啦，算是其中显著的两种。在从小一起长大的朋友中，如有贤哲的话，总是讥讽挪揄，一点都不礼敬。相反地，如稍微听说外乡有位贤哲，那就每天伸长脖子、踮起脚跟，望眼欲穿，巴不得有一日天可怜见被他撞见。所以，春秋时代孔子的同乡鲁国人反而不认识孔了，还管他叫东家丘呢。从前虞国有位叫宫子奇的，只是比国君大几岁而已，两个人好得不拘形迹。尽管宫子奇常常规劝国君，但是国君并没有把他的话当一回事，总认为两人相差无几，最后终于亡国。像这些不可不留心啊。"

"谨记父亲的赠言。"愍楚非常认真地答道。

"重用一个人的意见却不能优待这个人，这是古人认为可耻的事。凡是有一句好话、一种美德，是从别人那里学来的，都要明白表示原来出处。万不可盗窃别人的优点，毫不羞耻就当成自己的。就算是你所学的人职位再怎么低，身份再怎么差，也一定要归功人家。盗窃他人财物，法律不许；盗窃他人优点，鬼神难容。"

愍楚听到这里，越发觉得父亲光彩逼人，已到不可仰视的地步。他非常骄傲自己有这样一位父亲。

"楚儿，听傻了？"

"哦，父亲，父亲，我……"愍楚觉得现在说什么话都是多余的。

"哈，痴儿，让我讲几则亲身经历给你听吧。"

"爹，等等，喝口酒，润润喉再说可好？"

"唔，好，你倒细心。"

父子俩就在习习春风中，驻足各喝口酒，才又上路。

"四十几年前吧，"颜之推两眼微闭，沉湎往事之中，忽又睁开眼说，"那时我二十岁不到，在长江中游都督（按：时以荆州刺史都督该区，为六朝政权最重要的军区，赖其屏蔽长江下游的首都地区）手下担任幕僚，你道这都督是谁？就是后来的梁孝元帝啊。军府中有位叫丁觇的，是洪亭地方的平民，挺会写文章的，草书和隶书尤其会写。都督的所有公文、命令全由他一人缮写。但是所有同事都以他出身不好，不让子弟拜他为师。当时流行这样一个说法：'丁君写十张字，敌不过大文豪王褒几个字。'嘿，我至今还没忘掉。我当时非常喜欢他的字，只要是他送给我的字，我都如获至宝妥加典藏。都督有一次派人送所写文章去向国子监祭酒请教。祭酒问来人说：'亲王（当时都督是亲王身份）送的文章，替他缮写的可是高手啊，这是谁呀？怎么没听人提起呢？'来人实话实说。祭酒不禁赞叹道：'这个人实在后生可畏，竟然毫无知名度,真是怪事。'于是乎听到的人才对他刮目相看。可惜后来迁都到楚地的梁朝灭亡后,丁觇也死在扬州。以前轻视他的人,后来想求他一纸字都不可能了。唉,愍楚你可知道你的名字就是为了纪念和痛悼迁都楚地的梁国的沦亡啊!

"梁国迁都楚地的原因,"颜之推现出痛心的表情,停顿了一下,继续说道,"就是侯景叛变,攻破首都建业(按:即今南京)。起初,尽管宫门紧闭,但是大家仍乱成一团,于公于私都不知如何是好。只有太子属官羊侃镇静异常,他坐镇东宫门,才一晚上时间就集会了一百多人,部署在门畔,奋勇抵抗叛军。这时宫城内有四万多人,王公朝臣不下一百人,便只靠羊侃一人护持,相形之下,其高下之间,真不可道里计。古人说:'巢父、许由(按:都是帝尧时代的隐士)就是江山给他们也不要。'而市井小人为了区区的微利,居然争得你死我活。两者之间的差别,悬殊得太不像话了。

"讲到国家沦亡,原因之一便是自毁长城。有三位人才可以说是北齐的长城,他们是杨愔、斛律光和张延隽。

"齐文宣帝(550—559)才即位没几年,就大肆酗酒并胡乱杀人起来,亏得有杨愔当宰相把国家撑住,朝廷与百姓之间关系才算和谐,一直到文宣帝死都没引起极大的非议。然而继任的孝昭帝只当了一年多皇帝,就杀了杨愔,从此刑政败坏到不可收拾的地步。

"斛律光是北齐的主将,可称得上近百年难得一见的军事奇才。他的对手,也就是北周的韦孝宽元帅自忖敌不过他,便设计害他。北齐误中北周的反间计,糊里糊涂便杀了斛律光,造成军心涣散,将士解体。北周才开始敢存心灭齐。关中人至今没有不激赏他的军事才能的。这个人用兵又哪里是'万夫莫敌'而已?他个人的生死,攸关一个国家的存亡,竟然到了这种密切的地步!

"张延隽在出任晋州(今山西省临汾县)行台左丞的时候,调和防区诸将,积极推动战地政务、广储武器、照顾百姓,俨然是一个固若金汤的国家规模。可惜,他的正直断了一些小人的财路,不久便调职他去。换了另外的人来接手,就没他能耐了,把地方搅得乌烟瘴气。北周大军一入侵,此一地区首先沦陷。齐国灭亡的征兆,就在这里开始显露了。

"唉,这三个人都曾经是我的同僚,因此我深知他们的为人和才干。"

愍楚静静地听父亲讲完,只觉得天地悠悠,三十八年前他一无所知任由父亲护卫着经过这条路,三十八年后他已是一位深受父亲教诲的壮年人,轮到他护卫着父亲走这条老路。人生真是离奇!不晓得以后可有机会再走这条路,再走这条路的时候,我变得如何?父亲又变得如何?

愍楚想到这里,不禁喊了一声:"父亲!"

颜之推转首,诧异地问:"什么事?"

愍楚怜惜地说:"父亲,我们是否该休息了?"

"才走这么一段路,就要——啊,也好。"颜之推躬身抚摸着驴首,轻轻地唤道,"老黑呀老黑,辛苦你了。"

八、勉学

这一天,颜家祖孙三代共聚一堂,讨论《论语》中"古之学者为己，今之学者为人"这句话。这也是当时政治刚统一不久的中国，也想在学术思想上消弭分歧之一端。

当时这句话流行两派解释：一是认为，"为己"和"为人"是治学的两大范畴；一是认为，治学是为了修治个人品德，不是为了向人炫耀。显然，若依第一派意见，则孔子一则表示古今学风之异，一则表示今之学风胜于古；第二派意见则刚好相反，认为孔子是劝今之学者效法古之学者，有今不如古之叹。

这时颜家这场小型汉学会议似乎已进入尾声，双方的辩解再也无法推陈出新了。渐渐地，大家把目光齐集于始终未发表意见的颜之推身上。

只见颜思鲁越众而出，清了一下喉咙道："父亲，关于这个问题您的看法是……"

颜之推摆一摆手，示意要大家重新归座，这才环顾众儿孙道："关于这个问题，孔子的意思究竟为何，我暂不表示我的看法。不过，我现在想就这个老问题，来看我们今天的时代。"

本来大家听说颜之推不想评断这场论战是非之际，不无失望，继而听说颜之推要来一番"老问题新解释"，不禁眼睛为之一亮。

只听略微喑哑但却有力的声音缓缓从颜之推口中流出，娓娓道出了 席精彩的演讲。

"学问可分为益己与淑世两种。在益己方面，古代的读书人纯粹是以矫治自己的品格弱点为目的；现代的读书人则把矫治自己品格弱点当成手段，目的是求取禄位。在淑世方面，古代的学者重在实践真理、献身社会人群；现代的读书人只是把这种学问作为口说，并不付诸实行。我这样讲，可变成'老话新解'啦，你们认为如何？"

"爹，"思鲁代表大家说道，"愿闻其详。"

"其实啊，学问就好像种树一样。春天有花朵供人玩赏，秋天有果实让人食用。从事演说与撰写文章，如同春花；修养品德与便利行走社会，如同秋实。唔，今天由于时间的关系，我只讲'秋实'部分，'春花'部分且留待以后再说。"（按：《颜氏家训》中有专章讨论有关文章的各种问题，由于较不具现代意义，故本书从略。）

"一个人在各行各业想要宏图大展，就非读该行业的经典之作不可。可惜的是，世人但见邻里亲戚中有不同凡俗的人，就教子弟去就学于他，不晓得真正值得学习的是古代在这行中最有成就的人，何其愚昧无知啊！一般人光会骑马射箭之事，就自以为可以胜任大将；毫不知还要通晓气候学、精通地理学、认清时代趋势、掌握政治兴亡等等的诀窍。光会侍奉上官和接待部属、管好钱粮之事，就自以为可以胜任宰相；毫不知还要通晓转移社会风气、敬事超自然力量、契合大自然、拔取人才等等的至理。光会不收红包、不拖公事，就自以为可以治理百姓；毫不知端正自己为民表率、急民之难、感化顽劣等等的技巧。光会死守法令规章、用刑宁早赦免宁迟，就自以为可以审判案件；毫不知种种侦察、搜证、审问、推断等的高妙技术。至于其他农、商、百工各业都各有前辈高人，可以奉为师表；如果能够博览群书，自能求到你所需要的大师，那帮助就太大太大了。"

之推这番话，是在说明各行各业有其大原理在，如只学得肤浅的小技术，就无法成其大，难有建树。我们有句古话："取法乎上，仅得乎中。"意思是说，一般人学习最高明的东西，通常很难学得十足十，充其量能学得三分之二，也就不错了；何况根本不学高明的，那么成就就更有限。事实上当人崇拜权威时，就无法超越权威了；只有站在权威的肩膀上才能超越权威。各行各业的大师百世难逢，有生之年能让你碰上，机会非常渺茫，绝大多数的人学习对象都不是大师级的人物，千万别一辈子奉他为偶像，这样必定违反教育的宗旨："青出于蓝，而更甚于蓝。"

之推看到他那一干忠实听众颔首不已，兴致更高，接下去说道："读书求学的目的何在？无非是启发心智和磨锐眼光，有益于处世待人啊。不晓得侍养亲长的人，从书本中看到古人对亲长承颜欢笑、低声下气、不辞劳苦等，就会感到惭愧而照着去做。不晓得侍奉君长的人，从书本中看到古人忠于职守而不滥用职权、遭遇危机而膺重任、确实劝谏而毫不忘怀、专做利于国家的事等等，就会深受感动而想要加以效法。一向骄傲奢侈的人，从书本中看到古人恭顺节俭、谦卑自持、以礼貌作为达到有教养的根本大法、以恭敬作为立身的基础等等，就会惊觉自己的失策，而收敛起猖狂的外表、抑制住急躁的内心。一向卑鄙吝啬的人，从书本中看到古人的重视义气而轻财物、私心和欲望都很少、救济贫苦民众等等，就会后悔以前所为，而学会不只会赚钱也会用钱。一向残暴骄悍的人，从书本中看到古人的凡事小心不怕吃亏、像舌头一般柔软的人总强过像牙齿一般坚硬的人、包容别人的缺点、尊敬贤能宽待凡庸等等，就会神情沮丧，而开始学着该让步的时候就让步。一向畏怯懦弱的人，从书本中看到古人勇于面对残酷的人生、坚忍不拔、正直不偏、言而有信等等，就会勃然奋发蹈厉起来，而再也不会胡乱恐惧。除此之外，各种人都可借着读书，而增益其所不能的。即使无法学得惟妙惟肖，也把握得住不求安逸、不想过分的原则了。只要读书读通了，办起事来也较能得心应手。

"如今读书，不会说古人如何，也不能身体力行。于是乎，忠孝的事迹再也听不到，仁义的举动也只是轻描淡写。这还不算，跟人打官司毫不讲理、治理一个县也不管百姓死活、盖一间房子不晓得房屋结构、从事耕作分不清各种作物的成长期等等，都是显著的例子。那现在的读书人到底会什么呢？只知唱歌、聊天、写诗，每天就这样悠游卒岁，不知人间尚有何事，更别提经国济民之术了，所以就不免让那些军人和胥吏在一旁讥笑和诋毁。实在是有它的缘故啊！你们可要引以为戒啊！"

大家齐声称是。

颜之推咳嗽一声，接着又说下去："读书的好处除了可以砥砺做人的品德、增进办事的能力，至不济还可靠它来糊口谋生。

"拥有一项技艺的人，天下到处可去，随遇而安。自从战乱以来，所有遭俘虏的人中，社会身份尽管不高，但因读过《论语》和《孝经》，也可被派去当老师；社会身份尽管再高，但因书读不好、字又写得差，只好沦为别人耕田养马的奴仆。由此看来，如何能不努力用功？要是能够常保好几百卷图书，一千年下来总不会变成小人的。

"通晓六经的要旨、涉猎过百家之书，即使是无法增长个人品行、化导社会风气，依旧是一项技能，得以靠它自营生计。在这个多变的世界，父兄是无法一直让我们依赖的，乡国是无法一直提供我们庇护的。一旦流离失所，再也得不到任何依赖和庇护的时候，就只能靠自己了。俗语说：'家财万贯，不如一技在身。'在所有技艺中易学而可贵的，没有比读书更好的了。世上的人不论是愚蠢的还是聪明的，都想要多认识一些人、多见识一些事情，如果不肯读书的话，就好像是想要吃得饱却懒得去做饭一般、想要穿得暖却也懒得去做衣服一般。对于一个读书人来讲，要常问自己：自从伏羲氏、神农氏以来,宇宙之下,到底认识多少人?到底见识过多少事?人类的成与败、好与坏,固然不用说,他会知道的。就是大自然的道理和超自然力的奥秘,他也能够知道。"

"父亲,"愍楚带着欢欣的语气请教道,"依您的意思,属于'秋实'性质的读书,可是有价值与实用双重意义。前者指涉的是做人品德的充实,而后者指涉的是做事能力的增进,其中最坏也可以靠教书糊口。这样说可对?"

"嗯,"之推报以嘉许的眼光,又说道:"似乎可以这么说。咦?相时你今天可是表现失常啊,没问题吗?"

相时有点不好意思地笑一笑,说道:"爷爷,暂时没有。"

之推转头望向思鲁说道:"你还记得吧,北齐亡后,咱们全家被解往长安时,你向我抱怨的那一番'读书无用论'的话?"

思鲁一时不明所指,过了片刻才脸红地答道:"父亲,还记得,您何苦重提往事……"

之推平和地制止他说下去,"不是要你出丑,只是拿来做讨论的引子罢了,不必认真。好,就由你重说一遍吧。"

相时一旁幸灾乐祸地盯着他父亲那一脸红,只差点儿没笑出声来。

思鲁支吾了几句后,晓得"在劫难逃",才吞吞吐吐地说道:"嗯,我当时是说,嗯,我说,我这么说:'在公家机构中谋不到一个差事,在家里又存不到一个子儿,我看还是让我去做苦工,好赚钱来供养您与母亲吧。每当您在教我功课而我在努力用功的时候,我就感到异常惭愧。您实在一点都不理会我的不安哪。'嗯,大概是这样吧?"

"你还记得我是怎么答复你的吧?"

颜氏家训：一位父亲的叮咛

之推这一问似乎又给思鲁带来极大的负担，这个那个半天，才很艰难地说道："父亲，由您自个儿讲吧，万一，嗯，万一有不足的地方，我再来补充可好？"

之推望着一脸尴尬的思鲁，又一眼瞥见相时一双贼兮兮的眼睛，这才说道："唔，也好，让我想想看，啊，有了，记得我是这样答复你的：'假使让你弃学从工，使我吃穿不愁，我吃了又哪里吃得出美味？穿了又哪里穿得出暖和？要是你能勤求先圣先王的那一番大道理，继承了家传之学，就是烂菜破衣，我也心甘情愿！'思鲁，需要补充吗？"

"父亲，一点都不需要。"

这时只听得相时问道："我可是喜爱念书的，这一点我可要声明在先。不过，我有问题，可以问吧？"别看他平时说话大胆，但在今天这种长辈群聚的场合里，也不由得胆怯起来。

之推鼓励说："有何不可？"

"是这样的，我所看见的受到公侯爵位赏赐的人，无非是凭借他那身擅使强弓长戟的武艺，讨伐叛逆、安定社会秩序；我所看见的那些官至宰相的人，无非是凭借他那粗通文墨的小聪明，匡救时代、繁荣社会经济；而真正博古通今、才兼文武的人才，反而当不了官，而让妻子、儿女在一边啼饥号寒的，类似这种例子可是多得惊人啊。如此说来，读书又有什么好重视的呢？爷爷，我讲的可是事实啊！"

这时，连一向对相时非常严厉的思鲁都颔首不已，就别说其他人在内心中有多同意相时这番话了，颜之推当然也察觉出相时这番话极具说服力，他已赢得在场所有人的赞成票了。

想到这里，颜之推依旧不慌不忙地环顾了一下全场，这才徐徐说道："一个人命运的好坏，就好像金玉和木石一样；读书学本事，就好像琢磨和雕刻的手艺。琢磨后的金玉之所以好看，乃是金矿璞玉本身就是美物，一段木头一块石子之所以难看，乃是因为尚未经过雕刻。我们怎么能说，雕刻过的木头石子胜过尚未琢磨的金矿璞玉呢？同理，我们不可以将有学问但贫贱的人，来跟没学问并富贵的人相比。以上是我反驳你的第一点，换句话说，你是拿两个不同性质的东西在比高下，这是不对的。

"第二，你讲的并不具备普遍性，而是在以偏概全。因身怀武艺而去当小兵，以及会写公文而去干胥吏的人，身死名灭的多如牛毛，卓然有成的少如灵芝。勤攻学问、吟咏道德而白费苦心的像日蚀一样少见；耽于逸乐、追逐名利而到处碰壁的像秋草一样多见。怎么可以混为一谈呢？

"第三，想不读书也成，"之推讲到这里露出一个莫测高深的笑容，并停顿了一下，才又继续说下去，"但先要掂掂你够不够斤两。世上不学就会的人乃是上上之才，等到学了才会的就等而次之了。为什么要学呢？无非是想多增长知识使自己眼界大开啊！必须是天才才可出类拔萃，当将领则与孙武、吴起的兵法造诣相差无几，当宰相则与管仲、子产的政治素养等量齐观。像这样即使不读书，我也当他已经学了。大多数的人包括你跟我在内，都不是天才呀，不照着古人所流传下来的规范加以学习，那就如同用棉被蒙头躺在床上，什么也不知道了。相时，对于我的答辩，你可满意？"

"我……"相时一时之间，讷讷不知所出。

颜之推顺手接过师古倒来的一杯热汤，吹了几口气，轻轻啜了一口，望着冒出的白蒙蒙的气，不禁出神，又说："自古明王圣帝仍旧必须勤求学问，何况一般大众呢？这种例子在经史书中多得很，不用我在此重复举例。今天我且挑近代的例子，来启发你们吧！

"一般士大夫子弟到了一定年纪，没有不接受教育的，多的很可能学到较高深的《礼》（按：五经中的《礼》），少的起码总要学到较容易的《诗》（按：五经中的《诗》）。等到举行过冠礼（按：古代男子为表成年须戴帽子，这要在经过一道授帽仪式后，才能戴）和婚礼，性情稍定，也稳重多了，就要好好利用这个机会，接受更严格的教育。有志气的人经得起磨炼，会全力以赴去做学问；没有毅力的人就会从此堕落下去，转眼便成平庸的人。

"一个人想要在这世界活下去，就一定要选择一项职业。农夫就讲究耕种的技术，商人就探求赚钱之道，工匠就致力于手艺的精巧，卖艺的就挖空心思编排节目，军人就熟练骑射，文人就要会讲解经书大义。

"我这一生所看到的士大夫，绝大多数都是这副德性：瞧不起农夫、商人那套本事，看轻工人、艺者之所为，要他射箭则百发不中，请他写字则只记得姓名；一天到晚无聊得要死，只好靠吃饱醉倒打发日子；有的因为家世好平白得一官半职，就于愿足矣，读书事全忘得一干二净；一旦有事，需要他上台亮相议论得失了，就只会傻乎乎地张着他那大嘴巴，好像坐在云雾中全然不知如何是好；公私宴会的时候，人家在谈古赋诗，他就低头不敢吭声，只差点没趴在桌上睡着了，害得他身边的人不好意思地想代他钻入地洞中。为什么当年不好好把握时间勤求学问？这才换来一辈子的屈辱啊！"

颜之推叹了口气，继续说："梁朝全盛时期，贵族子弟大多不无学术。以致被人编成一句歌谣讥笑他们，说什么'上车不落则著作，体中何如则秘书'一个个打扮得人不人、鬼不鬼的模样，衣服是洒满香水的，脸是刮得一须不剩的，还擦粉涂红的，驾驶座椅宽大的马车，跂着四寸来高的木屐，随身携带靠枕以及诸般玩器，从容进出公私宅第，自以为像神仙中人呢。参加选拔官员的考试，请的是枪手答题；重要宴会需即席赋诗的，也老早雇了捉刀的一同前往。在这个时候，他可是得意扬扬，以高手自居啊！等碰到动乱，时过境迁了，就再也抖不起来了。主管人事的不再是过去的亲戚；朝中当权的看不见从前的同党。退而讲求个人品德嘛，找不出一样好来，进而献身于社会嘛，竟全无本事。全身的珠宝装饰品这时也不知哪里去了，只看他穿着粗布破衣，外表的风光尽失，露出一肚草包来。生命元气是再也看不到了，看到的仿佛是一株垂死的枯木、一条没源头的浅水。一个人独自踟蹰于荒郊野地，迟早有一天会倒毙在水沟里的。这个时候，实在是一位十足的蠢材呀！"

颜之推这番话几乎听得大家目瞪口呆，实在不敢相信当时士大夫会是这种货色。

前引"上车不落则著作，体中何如则秘书"这句话相当难解。根据当时的制度，"著作""秘书"等官，属于皇帝顾问的官职，常有参与决策的机会，这是当时士族子弟进朝廷做事，抢着当的好差事。"体中何如"是当时书信的应酬问候语，因此，下半句的意思是，只会写个日常问候信件就可以当秘书了。至于上半句，由于历来学者均不解"上车不落"之意，在此本人也不敢胡乱臆测，姑且存疑待考。不过若取以应下句，可以猜得出来是属于人人均可办到的易为之事。

"爹。"

"嗯，"颜之推循着声音瞧了过去，发现游秦有发问的模样,"你有什么问题?"

"难道士大夫中就没一个苦读书的?"游秦问道。

"那倒不是,还是有勤读不懈,最后终于卓然成家的。比如梁元帝吧。梁元帝有一次曾对我说:'从前我在会稽都(按:郡为当时地方二级行政区,会稽即今浙江省绍兴,梁元帝时任郡太守)的时候,年龄刚满十二岁,就对学问非常热爱。碰巧我那时偏偏患有疥病,手掌无法弯曲,膝盖不能运转自如。就在我的卧室张挂布幔,好阻挡苍蝇飞进来。取来一桶山阴出产的甜酒,不断喝它,好消除疼痛。然后随兴所至地大读史书,一天读二十卷。也没老师教,遇到不懂的字、不会的句子,都自个儿研究半天,全无倦容。'以皇子尊贵的身份,以小孩子好玩的心性,还能做到这种地步;何况一般没有社会地位的人想要有所成就的话,能不努力用功吗?"

各人闻毕,为之动容,久之,相时更是独自一人在那边抦舌不下。

之推顿了一下,又说:"所以啊,你们要好好念书了。古人勤学的例子可说举不胜举,像苏秦手握锥子读书,一想打瞌睡,便猛扎自己的大腿;像孙康靠着雪地映照的光线来念书,像车武子抓了一大把的萤火虫,装在丝囊中,晚上就凭着这点微弱的萤火念书;像倪宽、常林一面耕田,一面念书;像路温舒一面牧羊,一面用蒲草编成可供写字的纸。这些都是你们耳熟能详的苦读典范……"

想到今天我们家里有电灯还不好好读书,却偏爱出入有霓虹灯的酒绿灯红场所。思之能不愧煞!

之推讲到这里蓦然噤声不语,游秦这时最靠近之推,看到之推眼中迷离恍惚,游秦立即与思鲁交换了一个眼色,彼此都会意他这时正在回忆从前的时光。

大厅中静得出奇，几乎已到落针可闻的境地。良久，颜之推似乎才回神过来，"哦"了一声，很抱歉地看了大家一眼，继续说："我刚才讲到……哦，对了。事实上我这辈子也曾遇见过像古人一般用功的人。

"梁朝的时候，有个祖籍彭城（今江苏徐州）叫刘绮的人，交州刺史（按：地方一级行政官，交州在今越南北部）刘勃的孙子，幼年丧父，家里很穷，无力购买蜡烛，只好经常买荻叶，一尺一寸地折叠起来，晚上烧来看书。梁元帝在辞会稽太守、升官他调的前夕，必须先物色一批优秀的幕僚，刘绮以才华出众被网罗去了，极受礼遇，最后荣任国策顾问一类的高官。

"义阳城（今河南省信阳市）有个叫朱詹的人，世代居住江陵城（今湖北省荆州，为南北分裂时期南方诸政权的最大军事重镇），后来才搬到建业（即今南京，为南北分裂时期南方诸政权的首都）好学不倦，偏偏家里穷得一文钱也没有，时常好几天没饭吃，只好吞下纸片以充饥。天冷的时候也没毛毡可盖，只好抱狗而睡。狗跟着他一样饿得受不了，就跑到别人家去偷吃，他叫狗回来，狗不理，他那哀号的声音使邻居听了都感到鼻酸。即使在这样艰难的环境之下，他仍然勤学不懈，最后终于成为一位成功的学者，官至高级参军，很受梁元帝的器重。他所做的是别人认为不可能做成的事，而他竟做成了。当然他也是一位勤学之士了。

"东莞（今山东省莒县）郡人臧逢世，在二十几岁的时候，想读班固的《汉书》，苦于借来的书不能久留不还，于是跑到姐夫刘缓处，讨到一些纸片，干脆手抄一本，置于身边。军中的同事都很佩服他的志向，最后终以《汉书》专家闻名于世。

颜氏家训：一位父亲的叮咛

"有个叫田鹏鸾的宦官，原是'蛮族'出身。十四五岁大的时候入宫当宦官，就晓得努力用功。袖子里老藏着一本书，早晚苦读不懈。尽管职位很低，差事又很繁重，却能时常偷空向人家请教。每次跑到我工作的文林馆，总是汗流浃背、气喘如牛的，除了请教书本的问题之外，不讲旁的话。读到故人守节行义的事迹，无不为之激动得向往不已。我非常疼爱他，指点他也就格外卖力。后来他果真受到赏识而得以重用，赐名敬宣，官至侍从（即皇帝侍从秘书长），拥有一间可以自辟僚属的办公室（按：时称"开府"）。北齐后主准备逃亡到青州（今山东省北部、河北省东南一部分）之前，派遣他到西方去刺探北周大军的动向，结果不小心被周军俘虏。周军问他北齐皇帝在哪里，他谎答估计已逃出齐境。周军不信，便严加拷打，每斩断他一手一脚，他就越发怒形于色，而口风也就越紧，最后竟因四肢被斩断后流血过多而死。一个小孩居然因念了书而忠心耿耿，齐国的大将宰相，比起敬宣这位皇家奴仆来，差远了。"

颜之推一口气连讲了四则故事后，也不知是太累，还是回首前尘往事，轻轻啜了一口热汤，随即把眼睛闭了起来。这边，相时见师古陷于沉思之中，尽管有话想跟他讲，也只好作罢，他了解此刻自己正在兴奋莫名之中，即使讲话，也不知讲什么才好。

过了一阵子，相时发现之推的眼睛已睁开了，便迫不及待地唤了一声："爷爷！"

"嗯？"

"爷爷您能不能讲讲您读书的情况给我们听？"

之推沉吟片刻，望见好几道投来的眼光，都充满着热盼与钦慕，他不禁感动了起来，说道："人在幼年的时候，精神最好不过,长大以后,思虑就支离破碎了。非得早受教育不可,千万别把良机错了。记得我七岁时背王逸(按:东汉一位文学家)的《灵光殿赋》,直到今天,我每隔十年温习一遍,仍然记得牢牢的。二十岁以后,所背的经书,过了一个月,就差不多都忘了。然而一般人的际遇大多不太好,要是年轻的时候无法好好念书,那么以后如果情况改善,还是得努力用功的,决不可自暴自弃。曹操、袁遗(按:曹操对头袁绍的堂兄)两人越到老年越是用功。他们是年轻时苦读,到老依旧好学不倦。这倒是少见的例子。曾子到了七十岁才开始学写文章,居然名闻天下。荀子到五十岁才游学齐国,仍然可以成功地成为一代学者。西汉的公孙弘四十几岁才读《春秋》,读通之后荣任宰相之职。西汉的朱云也是四十几岁才学《易经》和《论语》,西晋的皇甫谧二十几岁才学《孝经》和《论语》,两位后来都成了闻名于世的大儒。以上各人都是早年糊涂而晚年觉悟后便拼命用功并成功的典范。

"一般人成年后仍未接受教育,这就算是晚了一步,智慧无法受启迪,跟愚人无异。年纪小时就接受教育,犹如东升旭日所放射的光芒;年纪大才接受教育,犹如手持蜡烛走夜路,还是比睁眼瞎子来得好太多了。"

相时虽有点不满之推有关自己的故事说得太少,但是别人的例子也很好听,也就不好意思要求之推再行补充。

之推顿了一下,忽而转头面对师古说:"读书做学问,是为了帮助自己。我看见有人多读一点书之后,便自以为高人一等,轻视长辈、侮慢同侪。大家都把他当仇敌对待,厌恶他有如厌恶猫头鹰一样。这样子念书,未免损失太大了,倒不如不念。师古,你听懂我的话了吧?"

"哦，爷爷，我……"师古如受当头棒喝，惊出一身冷汗，一时也讲不出一句话来。

"唔？"之推一时不忍心，于是安慰他道："知道就好，知道就好。"

师古对于之推晓得他在这方面的毛病，觉得很不是滋味，又是懊恼，又是惭愧，谁叫自己老是改不过来呢。正思索之际，他又听到祖父那口带有江南尾音的声音了，连忙凝神谛听起来。

"我们人的道德行为，似乎也需要知识的指引呢。举例来说吧：北齐孝昭帝在侍候娄太后疾病的时候，容貌憔悴，饭都吃不下。徐之才替太后针灸两个穴道的时候，皇帝在一旁握着拳头代为痛苦，竟然弄得指甲刺破手掌心，血流满手。太后病好了，皇帝反倒死去，遗诏上说以不能替太后送葬为恨事。他孝顺母亲成那个样子，而不知忌讳成这个样子，实在是因为没有学问引导所致。如果他老早读过古人的讥斥——想让母亲早点死就要哭得厉害，就不会说这样的话了。孝是排名在所有道德行为的第一名，尚且必须靠学问来修饰，何况其他各种行为？"

颜之推这番话，与西方苏格拉底所说的"必有真知识才有真道德"不谋而合。这在中国是相当难得的一颗醒心丸。这是因为道德教条在政治力量的大力扭曲之下，社会上充斥的都是愚忠愚孝之徒，要不就是假忠假孝分子。且不谈这么远，假定有一个人为了孝敬母亲，凡事为她代劳，表面上看是孝了，其实从现代医学眼光看去，孝之适足以害之。何以故？年纪再大的人如果每天没有适度的活动，都是对身体有害的。兹举此一例以说明道德必须以知识来引导，其余可以思过半矣。

颜之推讲完这番话后才发觉累了，但也有着畅所欲言的愉悦。他叹了口气站了起来,示意思鲁扶他进去休息。思鲁急趋上前,其余的人也纷纷起立,恭送之推走出大厅。

师古双耳嗡嗡然,似乎祖父的睿智清言仍在大厅中回荡不已,直到相时拍他的背,这才惊觉偌大的厅堂空荡荡的,只剩他们兄弟两人。两人四目交投,久久不语,似乎深恐一说话就会破坏那内心的充实感似的。

九、名实

仲春四月的长安,虽然没有江南的翠绿,可是也已有一番北国之春的嫩绿了。温度是没有江南那么高的,可是比起冬季那种冰天雪地的时节,这时足可以让人打心底暖和起来了,虽然有风,可是仅够唤起树枝里的嫩芽而已。

这里正是北国的首都——长安城,城中人此刻正生气勃勃大兴土木,迎接那统一后未来的无穷岁月。

六十二岁的颜之推像往常一般端坐在书房中,神采奕奕地翻阅着经书,浓厚香醇的热酒——这是颜之推此番江南行带回的"竹叶青"——从古朴的书页旁边飘散出酒气。他的面貌矍铄而清癯,深色的长袍使他看起来更加深邃,仿佛他本身就是一本深邃的书。

对于祖父这本深邃的书,相时有着无比浓厚的兴趣,他手里捧着一本历史古籍,眼睛却偷偷地打量着祖父——这个面貌温和、性情慈祥、涵养极深的老人,此刻很安详地坐在那儿看书,看来宁静而满足,谁知却是从历史的洪流中经历了大风大浪过来的。

颜氏家训：一位父亲的叮咛

　　他一点一滴地从很多人的口中隐约得知，祖父曲折离奇的过去。对于祖父饱经忧患、历尽沧桑的一生，他是又敬佩又羡慕，带着年轻人的一点浪漫幻想，他认为祖父的一生是多彩多姿的。他有一种要把祖父这本深邃的书钻研个透彻的欲望，一半是因为好奇，一半是因为他比较亲近祖父，敢和祖父抬杠纠缠，祖父不像父亲对他那么严厉，他在父亲那边被压制的好奇心几乎一股脑儿都往祖父这边发抒了。

　　"呼噜！"之推放下书，啜了一口热酒，这表示他看书已经告了一个段落。

　　"爷爷！"相时这时才敢打破屋内的沉静，开始和祖父攀谈起来。虽然在思辨问题的时候他颇富于叛逆性，但是在生活起居、进退应对方面他倒是不敢越轨的，严格的家训使他知道不应该在别人看书谈话途中随便将人打断。

　　"嗯？"之推缓缓转过头来，冷静而睿智的目光轻轻落在相时蓄意待发的脸上。

　　"爷爷！说说您年轻时候的事好吗？听说您年轻时就官场得意，大大出名了，真令人羡慕呢！他们还说您的一生充满了传奇，真是多彩多姿！……"

　　相时还想继续再说下去时，冷不丁看到祖父的眼光忽然变得冷峻而犀利，像利剑般直往他脸上投射过来，他不由自主地打了个寒战，赶紧闭口不言，根据以往的经验他知道老人家动气了，接下来的免不了是一顿训，他已经有了心理准备。

　　"名？利？"之推看了孙子的表情，知道自己凌厉的目光已经惊吓到了这个年轻人，心中略感不忍，于是又把目光缓和下来，目光虽然缓和了，思维却逐渐细密起来，名、利，现在的青年满脑子就是名利吗?这辈子他看多了争名夺利的事,对于名、利早已看淡。不过,年轻的时候他也是如此的吗?

之推轻轻地啜了一口热酒,他的思维开始随着酒杯里散发出来的热气,飘到另外一个时空去了。记得他的童年是在江陵城度过的,当时是南朝梁武帝在位的时候,江陵是南方政权的军事中心,也是第二大城市。当然这些对之推来说都是没有什么意义的,江陵城的童年生涯中,他印象最深刻的倒有两件事,一件是七岁时开始接受启蒙教育,这事使他觉得自己忽然长大起来了;另一件事是九岁时父亲的去世,接着他们搬到建业城颜家巷。在这个南方的政治文化中心,他接触了儒、佛、玄三学以及文学、书法、绘画等艺术,他很认真地学习,旺盛的求知欲、勤勉的学习使他成为多才多艺的青年学者。

住在建业的八年之间,他的确充实了自己。十七岁那年他又回到江陵城去,第二年就传来侯景叛乱、建业城沦陷、梁武帝饿死的消息,于是地方上诸王纷纷起兵,就在这样一个战乱的时刻,他开始走上仕途。十九岁时他出任湘东王萧绎(梁武帝之子)的右常侍(按:藩王侍从秘书之类官职)、镇西墨曹参军(按:藩王的军事参谋幕僚),次年转任中抚军(按:中央禁卫军司令)萧方诸外兵参军(按:即军事参谋官),不幸的是第二年却被侯景部将宋子仙俘虏,在囚送建业的途中,还差一点被杀。

之推重重地喝了一口醇酒,每次想到当年这一段惊险经过,他还是会为之心悸。不过他的宦海生涯还是十分顺利的,下一年侯景之乱被平定后,萧绎即位为梁元帝,之推受任为散骑侍郎兼中书舍人,成为皇帝侍从顾问兼皇帝与宰相间的决策联络官。以二十三四岁的青年而担任朝廷中级政务见习官,真正是平步青云、扶摇直上了，何况爱书如狂的梁元帝又指定他校订御藏图书秘本，可见他是何等地得到皇帝青睐。可是祸福就好像一对孪生兄弟一般，福刚来到，祸似乎也就在左右了。就在二十四岁这一年，北朝西魏大军南下，京城沦陷，梁元帝一怒之下把收藏的十四万册图书全部焚毁，焚书时元帝还拔剑击柱，哭号大叫："文武之道，到今天为止。"他竟把政治的失败归咎于学术，最后蹈火自尽；之推则与许多高级官员被解往长安，这是他第二次成为阶下之囚。（之推这次从江南回来所经过的那一片枣林，就是当年故景。）

　　之推回忆到此，忽然发现被冷落的相时一直肃坐在旁，带着惶惑的眼神看着他，似乎因为引起祖父的恼怒而陷入不安的情绪中。

　　之推不由得又是一阵内疚，随手倒了一杯热汤，递给相时。相时双手接过，嗫嚅着："爷爷！……"

　　之推挥挥手打断他的话："你没有说错什么话，滔滔世人一向无法从名利的樊笼中解脱，你祖父当年还不是如此？也不过是个争名逐利之徒罢了。自从魏晋以来，重名之风更为炽盛，尤其士大夫之间竞务虚名，崇尚浮华，而往往名不副实。要知道……"

　　颜之推讲到这里不禁又动了一般老人家喜欢训诫后辈的毛病，这是一般老人基于热心而急于把他的人生体验灌输给年轻人的善意，之推深知他的这个孙子求知欲很强，而怀疑心也特强，绝非一般人云亦云或者阳奉阴违的浅薄青年可比，因而他必须要谨慎地以更具说服力的方式来训导他。

　　打比喻是说理的最好方式之一，之推用热汤润了润喉咙说："一个人的名声和实质之间的关系，就好像影子和形体的关系一样。德艺双全，一定可以赢得好名声；容貌秀丽，也一定有好的身影。如果一个人不好好修养自己，而只一味追求名声，这就好像容貌丑陋，却要求镜中映出美丽的身影一般。"

之推停了一停，看看相时的反应，接着说道："上等人根本不知道声名这回事，中等的人则知道要努力建立好的声名，下等的人却只会盗取虚名。不知道声名的人，在心灵上已领会了'道'，在行事之间隐隐符合了'德'，而享有鬼神的赐福和保佑，他们一点都没有求名的念头。想建立声名的人则知道应该努力修身，谨慎处事，唯恐在大众间的美好形象无法显露出来，对于名声是不会谦让的。盗取虚名的人，外貌看似忠厚，内心其实奸狡得很，只求浮华士人给予的不实赞誉，这就不是正当的求名之道了。"

祖父的一番说教，引发了相时的思考，逐渐又要显露出他的叛逆性格来，趁着祖父训话告一段落伸手取杯子的时候，他开始发问了："祖父的意思要名实相当，可是人心隔肚皮，您怎么知道他是真有那个实质，还是只有虚名呢？"

"你的问题很好。"颜之推点头道，"我常常看到世上一般人，在名利双收之后，就不再信守承诺，似乎不知道后者的矛戟可以毁掉前者的盾牌。春秋时代的宓子贱曾经说过：'诚于中形于外。'（按：此为之推记忆之误，应是孔子告子贱的话。）人的虚实真伪本于内心，一定会从形式上显露出来，只是一般人没能仔细加以考察罢了。只要有人仔细考察的话，就算伪装得再巧妙也不如朴拙的真诚，最后必定逃不过被羞辱的命运。"

之推说到这里，注意到相时满是狐疑的神色，于是又接下去说道："像那春秋时代的伯石，当国君派人任命他为卿的时候，他就假意推辞，等传达命令的人走后，他又拼命活动请命，如此表演了三次谦辞才接受任命。又像汉朝的王莽，也屡次假意辞职求去。他们的虚伪做作虽然可以暂时欺瞒世人，可是后来的人识破了他们的真面目，并加以大书特书，流传后世万代，让后人唾骂。这种历史的教训，真让人毛骨悚然啊！"

之推顿了一顿，继续说道："最近也有某位大官，一向以孝顺著名，守丧期间，因悲恸过度而毁坏身体，实在是超乎常人。不过有一次他竟用有毒的巴豆涂在脸上，弄成满脸疮疤，表示他悲伤哭泣到这个地步，不料他的左右僮仆竟把真相泄露出来，结果大家都不再相信他的其他苦行。由于一事作伪，而丧失一百件真诚之事，这乃是因为追逐名声贪得无厌的缘故啊！"

十七岁的相时，听了祖父这些话，不禁咋舌不已，没想到世上居然有这样沽名钓誉的真人真事，不过他想这大概是只有在官场上才有的虚伪作风，他把这意思向祖父询问："官场上钩心斗角，也难怪有这些虚假作伪的作风，一般的民间士人只怕不多见吧？"

之推微微一笑，不做正面答复，又说了一个小故事："有位世家子弟，只读了两三百卷书，天资不好，家世却很富厚，喜欢附庸风雅，往往拿些美酒珍玩来交结名流雅士，得到他的好处的人，就彼此共同吹嘘，互相标榜。朝廷也不明察，以为他才华出众，曾敦聘他为使节，让他巡回各国。热爱文学的东莱王韩晋明，很怀疑他的作品是别人代为捉刀，于是设酒宴款待他，想当面考考他。宴会那天，气氛欢愉和乐，各地文章词人聚集一堂，大家即席赋诗，互相唱和，他倒也是援笔即成，可是全不对韵，一干客人各自拿着他的诗时，沉吟一阵，竟看不出其中端倪。韩氏退了出来，叹道：'果然不出我所料！'韩氏又当场问他：'有种玉版头部作终葵状，那是什么样子的呢？''那一定是圆形，好像葵叶一般。'韩氏听了，只差点没将肚中酒饭喷出来。事后韩氏忍住笑，为我说这个笑话。原来齐国人把椎说成终葵，不想这位'才子'竟说成葵叶。"

相时听到这里，亦不觉莞尔，没想到士人中也有这样欺世盗名之辈。之推则另有一番感触，这个故事使他又联想到他在北齐朝廷时，有个叫崔㥄的大臣，为了让他十三岁的儿子达拏成名，竟命令一个儒学者务必教会达拏讲解周易两字，然后又安排权贵名流聚集一堂，听达拏升座开讲，内中有一大臣当场表示佩服不已，竟专折保荐达拏为司徒中郎，邺城中因而流传一句话："讲两行话得中郎。"

之推想到这里，不由感慨万千，目视着相时，语重心长地说道："把自己子弟的文章装点润饰，以求取声名、抬高身价，这是最糟糕不过的事了，因为不可能永远替他装饰，总有露出事实的时候，而且初学者一旦有了依靠，便越发不用功读书了。"

之推的口气像是在自我警惕，又像是在训诫相时，倒使得相时不知采取什么反应才好，只得干咳两声，掩饰过去。

之推一面看着这个十七岁的孙子，一面又想到他自己在十九岁时即已出任官职，真是少年得志，他深知少年得志的人容易犯的毛病，常常是干劲十足而眼光不够，凡事弄得虎头蛇尾，虽能有好的开始，却不能有好的结果，希望相时能吸取这种教训，不再重蹈覆辙，他记起一个少年得志而终于失败的故事，趁此机会说与相时知道，也好让相时引为警惕。

"咳！"他清了清喉咙，接着徐徐说道："邺都中有一个少年，出任襄国县令，对于公务极为尽心，常常自掏腰包来照顾人民，希望能博得好名声。碰到本乡役男要入营当兵时，他总是亲自握手送别，并附赠水果干粮，说是上头有命，相烦大家去服役，心中实在不忍，各位路上饥渴，特以这些果物略表寸心云云，当地民众对他赞不绝口。等到他升任泗州别驾（按：相当于一级地方行政长官的副手）接触的人、经办的事越来越多，便不可能面面俱到了，难免厚彼薄此引起不平，这么一来，想要赢得人人欢心的打算便落空了，从前的苦劳遂一股脑儿化为乌有。"

相时听了祖父举了这么多例子，都是因为盗窃虚名而流传后世遭人耻笑，心中一方面对这些人感到不齿，一方面他又生了个新问题："爷爷！难道'名'这个东西果真这么重要吗？为什么连民间俗谚也说'人死留名，豹死留皮'？为了个'名'字，害了这么多人，可是人们还是乐此不疲，这是怎么回事？"

"说得好！说得好！"之推对这个孙子的领悟力颇为欣赏，每次和孙子讨论时，他总觉得比和那些唯唯诺诺的大人们讨论问题有意思得多。相时的悟性极高，常常能提出深刻敏锐的问题，是个讨论问题的好对手。"也有人这么问我，说：'一个人死了之后，留下声名又有何用？只不过像蝉壳、蛇皮、鸟兽足迹罢了，可是圣人为什么还是以此为教呢？'我回答他说：'我们勉励人，是勉励他建立某种声名，而要求他的实质能跟他的声名相配。如果我们勉人做伯夷（按：商朝末年的贤人，商为周灭后，他绝食而死，遂被后世奉为忠的楷模），千万人照着做，便会形成一种清高的时代风气；如果我们勉人学季札（按：春秋时代吴国人，以善体人意、不贪物好权享誉一时），千万人照着做，便会形成一种仁爱的时代风气；如果我们勉人做柳下惠（按：为一坚守自己原则不畏强权也不好色的典型人物），千万人照着做，便会形成一种坚贞的时代风气；如果我们勉人做史鱼（按：春秋时代一位不顾周遭环境好恶，直道而行的人），千万人照着做，便会造成一种刚直的时代风气。所以说圣人是有意让那些具有龙姿凤质的人生而领导群伦，使代不乏人，这等居心实在太伟大了啊！芸芸众生都是爱慕名声的人，我们可以根据人类这种特性而设法使他走上正道。再说，祖先的崇高声誉，也可作为子孙装点门面的彩衣和华厦；从古到今，借这种方式得到荫庇的也太多太多了。一个人行善得名，就好像盖房子、栽果树，生前得到好处不说，死后还能惠及后代呢。一般人只知一味钻营，却不懂得这个道理，真是怪事啊！'"

之推一口气说了一大篇话，这些话就是他今天的结论，也是今天谈话的精华。他的眼睛因精神激动而显得炯炯有神，脸上也泛出红光，这场谈话他是把所要说的都说出来了。说完了这些，他有一种放松的感觉，觉得通体舒畅。

相时看到祖父的神情，知道祖父今天的谈话是尽兴了。他佩服祖父的思想深刻和思维敏锐，谈话中充满了智慧，也佩服祖父的滔滔雄辩，他今天不是不想和祖父缠辩，实在是他已经接受祖父的看法，认为一个人活在世上的确应该脚踏实地、名副其实，而不应该沽名钓誉、自欺欺人。仰头一看，夜色深沉，一轮明月静静地照着他，树梢上的嫩叶则微微地跃动着，这不是一幅光风霁月的磊落景象吗？为何要去做那暗地里欺世盗名的勾当呢？相时想，但他想不通。

十、涉务

傍晚时分是一天中一个人开始心平气和的时刻，许多剑拔弩张似乎都随着太阳的隐退而暂时消失。仲春四月的黄昏景色使紧张忙碌的长安，变成柔和安详的长安。

颜氏家训：一位父亲的叮咛

之推坐在靠西面的窗边，看着大半个长安城沐浴在温和柔软的彩霞中，据说这些色彩是当年女娲炼五色石补天后的遗泽呢！之推自语着不禁莞尔。自从昨天相时要他说说年轻时代的故事后，他的内心深处就一直有某种东西蠢蠢欲动，像是嫩芽要挣出地面一般。这种感觉使他年轻，也使他善感，他勉强压抑住这种感觉，结果弄得今天一整天心神不宁。此刻在放松的心神下，他情不自禁地想起他的年轻时代来了。被西魏军俘虏到长安那一年的日子，是不堪回首的。这是他生平第一次来到长安，长安是古都，也是当时北方两个政治文化中心之一，在长安度过了漫长的一年之后，他终于寻到机会，坐了船往东边逃，逃亡的过程至今想来仍然心有余悸。回忆到这个地方，之推突然想起在逃亡途中作的一首诗，不觉脱口吟出：

　　侠客重艰辛，夜出小平津。
　　马色迷关吏，鸡鸣起戍人。
　　露鲜华剑彩，月照宝刀新。
　　问我将何去，北海就孙宾。

记得这首诗是他逃到砥柱的时候写的，所以题名为"夜渡砥柱诗"。逃出西魏国境后，他进入东魏，准备假道该国回江南故国去，不幸的是噩耗再传，江南的梁朝被陈朝篡了，他又变成一个"亡国奴"，不得已只好留在刚篡东魏的齐国邺城，当时他二十六岁，受命为"奉朝请"（按：与皇帝关系较远的顾问）的官职，把大部分心力集中在学术方面，在邺城待了五年后，转往赵州（按：邺城北方，很靠近邺城）担任赵州功曹参军（按：一级地方政府首长的人事行政官），那是一段极为惬意的时光，他在那里住了十一年，从事各种学术和艺术活动，接着又奉调回到邺城，担任北齐文林馆的工作。文林馆是皇帝学术、艺术活动的大本营，他在那里任职实在非常愉快，可是皇帝却要他典任司徒录事参军（宰相幕僚），后来又一路升任通直散骑常侍兼中书舍人、黄门郎等官，跻身决策阶层，这不是他所希望的，他的原则是在乱世当中，只能担任事务官不能担任政务官，后来果然在一次胡人武夫的政变当中，他的一些汉人文士同僚都遭横死，唯有他因佯装醉酒，没有接受重要官职任命，才幸免于难。随后，他又目睹了北周和北齐的大战，凭着丰富的阅历以及对当时种种条件的分析，他判断齐国要败，因而劝告皇帝先避难江南陈朝，再徐图复国，但是少数集团大加反对，于是他只好与皇帝一起出奔山东，不久，齐国果然大败，为北周武帝所灭。北齐灭亡之后，他随北周的大军被解往长安，经过一段时间，才接受北周政府的征召，任职御史上士的官（按：中央监察官），在长安他与分散已久的大哥之仪重逢，大哥在南梁亡后就已经被北周政府所罗致而北来，现在他来到长安与大哥再见面，实有隔世之感，这时他已经四十八九岁了。本以为在长安能求得一时的安定，没想到不过三年，朝廷又有变动，他亲眼看着隋国公杨坚代周自立为帝，北周又亡了。杨坚建立了隋朝，他也随之成为隋朝的修文殿学士，皇帝对他仍然很看重，升任他为黄门郎进入决策阶层，但是对他而言，经过这样动荡颠沛的一生（也是相时所说的多彩多姿的一生），功名利禄已不是他所羡慕的了。从那以后，他一直就定居在长安，长安成为他的第二故乡，算来从四十八岁那年到现在，他定居长安也已十四五年了。（他这个土生土长的江南儿，竟然变成了北方佬。）

之推叹了一口气，目光落在窗外，这才发现晚霞早已染成一片漆黑，一弯新月浮在空中，像在对他微笑，一时之间，万种情绪涌向心头，回首前尘，感慨万千，在他短短的一生中，他居然目睹了六个王朝的灭亡——南梁、南陈、东魏、西魏、北齐、北周，而他本人则周旋于他们之间，南来北往，风尘仆仆于仕途之上，其间三度被俘，几濒于危，难道人生在世果真是为追逐这些吗？之推不由得又陷入一阵沉思之中。

在之推静坐沉思的时候，他的两个孙子颜师古和颜相时进来了，他们看到祖父坐在黑暗之中，都感到有点诧异，相时正准备来个恶作剧，可是看到大哥师古制止的眼色，只好作罢。师古垂手肃立之推身旁，以便祖父有所吩咐时随时可以受命；相时则百无聊赖地在房中走来走去。祖父说好今天晚上要请我们兄弟俩一起吃饭的，到现在还在那里发愣，相时想着不觉有点不耐烦起来了，正要开口唤醒祖父时，之推忽然睁开眼睛对他们两兄弟端详了一下，接着示意他们坐下。

"师古！你去叫僮仆把酒菜摆到这里来，爷爷今晚要和你们好好喝几杯。"之推吩咐道。

"是！"师古应声，随即下去传唤仆人。相时趁大哥退下之后，又开始缠着祖父，"爷爷！您刚才怎么一个人在那儿发愣？我看您这两天似乎心事重重的！"

"嗯！"之推微微一笑，心里想，都是你这个小子要我说什么年轻时代的事惹起了我的回忆，现在倒来问我为什么心事重重，年轻人就是这样，常常自己惹了祸还不自知。

之推、师古、相时祖孙三人在酒过数巡之后，话题也逐渐打开了，之推今晚心情特别轻松愉快，主要是因为在接连两天的回忆往事之后，心灵仿佛又经历了一次煎熬，现在的畅快则是属于那种煎熬过后的解脱，是暴风烈雷过后的雨过天晴了。师古眼看着祖父的心情转为愉悦，心中暗暗高兴，相时则在动脑筋准备又要和祖父缠辩一番。不过这次倒是师古先提出问题向祖父求教了。"爷爷！一个读书人究竟要如何贡献国家社会才不枉费他的所学呢？"

之推点了点头，似乎对这个问题颇为欣赏，利用把一小杯酒慢条斯理喝下肚的时间，他已经把思绪整理了一下，于是开始回答："一个君子活在这个世上，贵在能够对社会有实际的贡献，而不是只会高谈阔论，左手抚琴右手抱书，尸位素餐。大体说来，国家所需要的人才，不外乎下面六种：第一种是朝廷之臣，通达治道，学问渊博足以经国济世；第二种是文史之臣，长于著述、熟悉典章制度，能记取历史教训；第三种是军旅之臣，长于谋略而果敢能断，精明干练而任事有为；第四种是藩屏之臣，熟悉社会风俗而能加以善导，为官清廉，爱护人民；第五种是使命之臣，通权达变，不负君命；第六种是兴造之臣，做事有效率而能撙节费用，足智多谋。以上这些，都是有学问、有操守的人能够做到的。不过人人各有长处和短处，哪能要求六种才能全部具备，只要明了它们的旨趣，而能学会一种，便没有愧色了。"

"爷爷所说的非常有道理，读书人应该怀抱服务社会人群的态度，努力去学习这六种才能才是。"师古恭敬地说，随手端起酒杯小酌了一下。

"我看现在一般舞文弄墨的人，评论古今的时候，头头是道，好像向人展示掌中物那么容易，一旦给他机会让他尝试，却没有什么表现。这些人过惯了太平日子，根本不晓得丧乱之痛苦；在舒适的京城办公，不知道战场上的危急；坐领国家薪俸，不了解耕稼之辛苦；骑在一般百姓头上，不明白劳役之辛勤。这样的人，根本就不能让他们应付社会、经办事务啊！"之推感叹地说。

"难道现在的读书人中都没有合乎爷爷说的那六种才能的吗？"相时一边大口吃菜、大杯喝酒，一边问道。

"有是有的。"之推望了相时一眼说道，"晋朝南渡之后，优礼并重用士族，所以江南士人中有才干的人，便被提拔为尚书令和左右仆射（按：相当于正副丞相）以下、尚书郎和中书舍人（按：为皇帝与宰相之间的联络官，通常为皇帝所信者才能任此官，颇有权力）以上的官，掌管机密要务。其他爱好舞文弄墨之士，大多迂腐、夸诞、轻浮、奢华，不通社会实务，所以就把他们安排在清高而悠闲的职位，这是为了避免他们的短处啊！至于一些中下级庶务官，都能熟悉例行业务，即使做出小人行径，也可以加以体罚督促，所以常常委任他们，这是用其长处啊！人常常没有自知之明，像梁武帝父子为当世所怨恨，说他们亲小人而远君子，这就是眼睛看不到睫毛的例子啊！"

"为什么说梁武帝眼睛看不到睫毛呢？"相时抢着发问。

"这意思是说梁武帝的见识虽远，可是却忽略了眼前的现实环境，有点好高骛远的意味。"之推今晚的谈兴甚佳，遂不厌其烦地加以说明，"要知道江南士大夫重视门第，已经有两百多年的历史，梁武帝并非出身名门大族，因而有意压抑名门提拔寒族，让寒族掌握机要，可是士族的势力还是太大了，梁武帝父子失去士族的支持，而寒门的力量又不够强，结果弄得梁武帝两头落空，势单力孤而致失败，被讥为亲小人而远君子，这就是因为不能认识眼前现实环境。"

师古对祖父所说的，表示十分信服而频频点头，而相时则仍是疑问重重，非继续追问到底不可："梁武帝父子被指责为疏远士大夫，他们大力提拔寒族以削弱士大夫的权力，这件事很困难吗？士大夫又有什么厉害之处，值得皇帝去小心防范他们？爷爷！您能不能为我们简单介绍一下梁朝士大夫的能耐？"

"相时！跟爷爷讲话怎么可以这么无礼！"师古大声责备弟弟。

"无妨！相时的意见也不无道理，当时的士族有很多的确是不敢恭维的，拿梁朝来说……"之推用手轻捻胡须，这是他在专心品评人物时特有的动作，"梁朝的士大夫习惯穿着宽宽松松的衣服，戴大帽子，穿高跟鞋，出门有车代步，进门有人服侍，城里城外竟看不到一位骑马的人士。有个名叫周宏正的人，很得宣城王的喜爱，宣城王特地送给他一匹果下马（按：是一种矮小的马，人骑在上面可以在果树下行走），他便常常骑着，哪知整个朝廷却当他是放达不守礼法之徒，连带一些尚书郎骑马，都被人纠劾了。等到侯景之乱时，士大夫一个个细皮柔骨的，受不了走路之苦；而且体质衰弱，不能适应气候变化，那些突然暴卒的都是出于这种缘故。建业令王复，个性温文尔雅，从来没有骑过马，看到马匹嘶叫跳跃，就吓得魂飞魄散，还告诉别人说：'这是老虎呀！为什么叫它作马呢？'当时的风气竟然到这个地步。以上就是梁朝士大夫的能耐。"

之推说完，不禁频频摇头，师古与相时也都感到啼笑皆非，没想到当时的士大夫竟是这副德性。颜师古听到祖父谈士大夫的这些浮华现象，内心不禁暗自警惕，希望别人的缺点不要在自己身上出现。颜相时较有叛逆性格，且嫉恶如仇，一听说这些士大夫如此无能，而世人还在责怪梁武帝压抑士大夫，不由得对士大夫更加厌恶,听说侯景之乱与士大夫的结怨也有关系,事后士大夫们被侯景杀戮得很惨,对于这事,相时不禁有点幸灾乐祸,因而向祖父请问详情:"爷爷,听说侯景叛乱也和士族的歧视有关,事后他大加报复有无其事?"

"侯景叛乱那年,我十八岁,住在江陵城,侯景攻陷建业城逼死梁武帝,我也曾经被侯景部将宋子仙俘到建业去,差点送命呢!"之推的眼神逐渐迷惘,脸上隐约可以看出痛苦的痕迹,师古心有不忍,不愿祖父再想起那些不愉快的事,因而将话题岔开:"爷爷!我们酒菜也用得差不多了,可以结束今天的晚餐了吧?"

"侯景压制士族是有的,但是说他的叛乱和士族门第歧视有关则未免夸大其词了。"之推用赞许的眼光看看师古,然后继续回答相时的问题,"侯景原来是东魏的大将,投降梁朝后,梁武帝对他也颇为礼遇,后来因武帝准备送还侯景和东魏和谈,才引起侯景的叛变。当侯景叛变的消息传来时,武帝居然哈哈大笑,说侯景有什么能耐,只要折一根树枝就能把他打死,结果侯景攻进了首都建业,自封大丞相,逼迫武帝,最后武帝居然饿死在皇宫里,临死前口中又干又苦,想讨一杯蜜水喝都没有,在'嗬嗬'的干喘中断气了。"之推停了一停,伸手夹了一块豆腐干放入口中。相时听到梁武帝死得这么惨,不禁有点恻然,对侯景的好感顿时化为乌有。

"侯景之乱的前后,大致就是如此。"之推接下去说:"至于侯景和士族结怨,那是另有一段内幕。原先侯景投降梁朝后,武帝本来很厚待他的,而侯景不知道江南门第观念的牢固。有一天居然向皇帝请求娶王、谢士族家的女儿,皇帝大为恐慌,当场拒绝了他,说王、谢两家门第太高,不能答允,但是可以从朱、张两家以下找找看，侯景当场变脸，恨恨地说，'以后我叫这些江南士族的儿女匹配给奴隶'，所以后来侯景叛变，进入建业后，大肆屠杀士族，摧残得无所不至，弄得士族倾家荡产，流离逃亡。而王、谢那两家就更别提了。"当时士家大族社会地位的高下，是有排名的，王、谢家是名列前茅的两大家。

"原来如此！"相时恍然大悟，"这些士大夫也真是可恨又可怜。他们平日游手好闲，什么也不会，一旦有事只能坐以待毙。他们除了会吟风弄月，还会什么呢？会种田吗？"

"说到种田嘛……"之推接过去说，"古人是很希望体认耕稼的困难的，因为这是珍惜米谷、重视本源之道啊！民以食为天，没有食物人们是活不下去的啊！三天不吃饭，父子都不能生存。食粮的生产，要经过耕种、除草、收割、储存、舂打等种种烦琐的程序才放进仓库，怎么可以轻农事而重商业呢？江南朝廷里的士人，随着晋室南迁而到江南，在异乡成家起来，到今天也已传了八九代了，都从来没有下田耕作过，完全依赖薪资过活。就算有田产，也全部交给佣仆代劳，从来没有挖过一拨土、种下一株苗，更不晓得哪一个月份播种、哪一个月份收割，又哪里懂得世上其他俗事呢？所以他们做官是敷衍了事，治家是不事生产，这都是养尊处优的过错啊！"之推长长吐了一口气，这些话他郁积心中已久，不吐不快，想不到今天晚上与孙儿一起进餐，却大发议论、一泻千里，不知是因为酒后吐真言，还是因为与年轻人谈话较少戒心，而能畅所欲言。

师古、相时两兄弟，看着祖父逸兴遄飞、神采奕奕，也不禁豪气大发，但觉今晚的谈话，内容充实而引人入胜，真有"听君一席话，胜读十年书"之感，话中意义深远，切中时弊，听来津津有味，倒忘记酒菜羹肴味道之好坏，仔细看时，却是早已碗盅见底，杯盘狼藉，祖孙三人，相视大笑，结束今晚的餐叙。

十一、省事

这天下午，颜思鲁在花圃旁边观赏新开的一丛牡丹花，正看得出神，忽听得背后有人轻喊一声"父亲"，急忙转身。

"哦，是师古你呀！"他比较喜欢长子，对他一向寄予厚望。

"爹……"师古一副欲言又止的神情。

"有事吗？"思鲁尽量把声音放柔和一点，"来，咱们就坐在这儿聊聊吧。"思鲁指着一块大石头说。

"是，父亲。"师古应了一声，随后跟着坐下。

"你最近上课上得怎样？学生学得好吗？"

师古这两年靠教书度日，思鲁故有此问。

"啊，就是为了教书的事来跟父亲商量的。"

"哦？"思鲁期待他自己讲出事情的原委。

"父亲，我想……不教书了。"师古似乎很艰难地吐出这几个字。

"那，那你想干什么？"

"我想托人找门路，做官去。"师古如释重负，讲出心里想说却又不便开口的话。不料……

"不行！"思鲁霍地站起身来，吓得师古也立即起身。

"你难道没听你祖父怎么教的吗？荒唐！"思鲁语气很严厉，脸色也很难看。

师古不禁着急起来，说道："爹，时代变了，事穷则变……"

"住嘴，越讲越离谱！"

顿时，父子俩僵立在花畔，一阵风吹来，花枝乱颤不已。师古偷看父亲一眼，发现他仍铁青着脸，胸前的衣襟仍起伏不停，知道父亲仍在气愤当中，内心暗骂自己无能，话没讲清楚，就惹得父亲生这么大气。

良久，颜思鲁容色稍霁，向师古招了下手，示意他坐下来。

这下，父子俩重新谈话。师古决心不再冒失。

"我像你这般年纪的时候，"思鲁讲这话的时候，两眼直勾勾地遥望着前方，"我记得你祖父曾如此告诫我，'作为一位有教养的君子，必须守住真理、崇尚道德，培养身价、等待机会来了才出而问世。要是一辈子等不到做官的机会，那也是天意。当然世上当官的人多的是，钻营门路、不知人间羞耻为何事、一天到晚跟人比长较短、抢功劳、诿过错、虚张声势到处推销自己，结果搞得人人嫌怨。还有比较高明的两种人：一是抖出宰相的过错而获得职位做酬谢；一是动手脚先去到任然后再补人事命令。用这些办法当了官，自以为是有办法。依我看来，跟偷东西喂饱自己的肚皮，以及盗衣服温暖自己的身体没有什么两样！'相信类似的话，你一定也听你祖父说过，对吧？"

师古老大不愿接受这种看法，便默然不语地坐在那里。思鲁瞧着还道是说话生效了，又自顾自地讲下去："我常听你祖父说，世上的人看到会走门路的人当上官，就以为不去索求哪会有收获？毫不知道人在运气来的时候，不求也来，挡都挡不住。再者，世上的人看见不尚活动的人始终不能出头，就以为不活动哪会成事？殊不知风云不兴，就算是勉强追求也没好处。不追求什么却自然得到什么、追求什么反而得不到什么的，哪里称得上胜算？因为那全是天意呀！师古，你慌什么，你会有官做的，要趁着还没当官的这段时间，多充实自己才是。咦？你怎么不说话？"

"父亲，没什么。"话虽是这样说，师古心里可着实不愿意去接受这番"天命论"。但他晓得这层想法是说不得的，只好暗自决定换个题目，好应付眼前父亲这一关。这时他已感觉到父亲那灼灼的目光中所浮现的怀疑了。于是——

"父亲，一个人的出处分际是在哪里呢？"

"问得好，"思鲁如释重负，认定自己的说服工作已经成功了，"做官取富贵是为了增进一己的社会地位，但是这种身份价值，比起道德价值来，贱得不能再贱。我们的出处当然是以道德价值作为依归的。记得有一次你祖父告诉我说：'北齐末年已经搞到"金元政治"的地步，想当官的人全攀附皇帝的裙带关系，走后妃或其兄弟的后门成了当官的最佳快捷方式。由此当到大官的人，那颗大印的丝带可是光鲜无比呀，出门一步，架势十足到跟班如云的地步，使得他的九族全都与有荣焉，其风光之盛，一时无两。由于太过招摇，便为当权者所忌，即派人侦察他的行踪，一发现些许微过，就以此治罪。弄到最后，即使可以免死，家产也已到山穷水尽的地步，如何还能恢复旧观呢？我从南走到北，从不跟人讲到有关身份的话。一个人一辈子没有做官的机会，根本就没有什么好抱怨的。'我讲的只是大意，这个例子是说没有做人和做事的本事，就算是你很会钻营，充其量只能烜赫一时，到时候'爬得高，摔得重'，徒然自取其辱。还是趁着运气还没来的时候，多充实自己的本事吧。"

"父亲,"师古忍不住抢着讲,"您的意思是说,出处端在本事加运气,而且缺一不可?"

"嗯,可以这么说吧。你还有什么问题?"

师古沉吟了一下,心想,人就只这么一辈子,要坐待运气临门,恐怕等死了都不见得会等到,我有的是本事,稍微走点门路,这才叫创造运气呀,跟那没本事光走门路的不一样。不过,这番意见就甭提了,父亲是听不进去的,另外换个题目问吧,好歹总得把这关蒙混过去。因为颜师古就在这一点上与他颜家家训有异,因此他后来在官宦生涯上有着不小的挫折。此是后话,不在本书范围内,就此表过不提。

师古想到这里,心情稍定,眼珠儿一转,一个问题就浮出来了。

"爹,请问您,在没做官之前要如何充实自己的本事呢?"

"啊,关于这一点,我同意你祖父的看法,一个人再怎么博学多能,精力总是有限的,倒不如专心致志做好一项你自己的专长。我还是捡你祖父现成的,好说与你听。"

"春秋时代有个铜人背上刻了如下一句话:'别多话,多话摧折颠沛也多;别多事,多事灾难祸患也多。'多有道理的话呀!善于行走的动物就不生翅膀,长于飞行的动物就没有脚趾,头上生角的嘴里就不长牙,后肢发达的前肢就退化,这大概是老天不愿意使动物兼具所有的优点吧。古人说:每件事都浅尝即止,倒不如专心做好一件。有种大老鼠尽管有五种本事,但是没有一种派得上用场。近代有两个人,天资聪颖、领悟能力强,但是兴趣广泛,每样事都碰,结果一无所成。他的经学经不起发问,史学经不起讨论，文章不够资格编成文集传世，书法还不到供人把玩欣赏的地步，替人卜卦六回有三回出错，为人治病失败率高达百分之五十，音乐造诣在几十人之后，射箭本领输给一千多人。其他在天文、绘画、下棋、鲜卑语、煎胡桃油、炼锡为银的技艺方面，就是不说也晓得是怎么回事——一句话：全不精通！像这种情况实在可惜，以他的聪明才智如果不这样样学，也就不会这么样样松了。"

"你听，你祖父说得多精彩！"

师古点头称是，他虽然存心蒙混，却也承认父亲所引述祖父的这番话确实精彩。原先只打算随便问问的，现在他又改变了主意，准备趁此机会与父亲讨教一下内心的疑难。

"爹，我如果没记错的话，祖父一下说要博学，这下又说要专攻一样，这不是前后矛盾吗？"

"哦，是这个问题呀。我想我可代你祖父回答你这个问题。

"我想，基本上一个人是要博学的，但必须有一个前提，这个前提就是要有一项专长。只有在有一项专长之下讲究的博学才有意义，否则就成了俗话说的'样样通，样样松'了。"

"我这么说，你可有异议？"

师古想了一会儿，才很郑重地点头同意。

思鲁就是欣赏他这种认真态度，眼下看他不随便同意自己说的话，内心也颇为满意，倒不觉得父亲权威有所动摇。想到父亲权威动摇，他又马上想到相时，他比较不喜欢相时，难道是在他面前怠于父亲权威失落的关系。思鲁摇了一下头，觉得有点懊恼。

师古在一旁看着父亲一会儿摇头、一会儿皱眉的，猜不透这究竟是怎么回事，也就不敢多开口。父子俩就这样各有所思地坐在石头上。

待思鲁惊觉自己的失态，时间已过了好久。思鲁提起左手，在师古背上轻轻拍了几下，说道："你又有什么问题了？"

"哦，没有，不，有的！"

思鲁不禁咧嘴笑一下，说道："到底是有，还是没有，可得说清楚。"

师古不好意思地说："有，有，有。做官的时候，怎样才算忠于职守呢？"

思鲁"唔"了一声说道："敢于对国君发表意见的人可说是最忠于职守的人。这点我还是要借用你祖父的意见来说了。

"上书当道陈述意见起源于战国时代，到了汉朝，越发风行。推原它的体例有如下四种：直说君主的长短，这是谏诤；批评臣僚的得失，这是讼诉；陈述国家的利害，这是对策；使用私情打动人心，这是游说。不论如何，这四种方式都是靠贩卖诚心来求取地位、出售言论来谋求利禄的，可能毫无好处，而有料想不到的困扰。要是侥幸感动君主，适时被纳，起初是会得到极大的赏赐，最后竟意想不到会蒙受杀害。历史上像严助、朱买臣、吾丘寿王、主父偃之类的人非常之多。优秀的历史学家在他书中所推崇的人，尽是个性狂狷耿介、勇于批评时政得失的人，绝不是世家君子之流只会谨守成规而不及其他。我们当代所看到的，一些才德兼备的人居然不耻史书上模范人物所为，凡是专候皇帝必经之路，而献书给皇帝提出一套计谋的，大抵都是一派浮夸的空论，毫无经纶天下的大道理，有的只是鸡毛蒜皮的琐事。往往提议的十条中，找不到一条可以采纳的。纵然有些意见切合实情，也是人所皆知，问题的症结不在知不知，而是在知而不行啊。更有建议里面包藏建议者私心的，等到被人当面追查起来，才愧惧交加，又有何用？像这等侥幸之徒又哪有资格与你共同侍奉君主呢？"

"瞧，你祖父这番话说得多好！"

"爹，"师古脸带疑惑地说，"不对啊，祖父并不赞成这四种人啊！跟我要问的，'牛头……'"

"牛头不对马嘴"这句成语还没说完，已被思鲁制止了。

思鲁笑一笑说道："别急，还没讲完哪。你祖父还说：'谏诤的人，是为了纠正国君的过失。一定得设法当到可以有资格、够分量的官职，尽量匡助、襄赞国君，不容许苟免偷安、垂头塞耳，总是投其所好。'至于你的职位与国君关系很淡，你越职讲话、干涉你职责以外的事，这就是你的不对啦。《礼记》不是说过：与国君关系不够偏偏去劝谏，这就跟谄媚没有两样；与国君关系很够却不劝谏，等于是尸位素餐了。《论语》也说，当还未取信于人的时候，就去劝谏，人家还道是你在诽谤他呢。"

"你祖父讲的是谏诤之道，我觉得正可答复你所提的'怎样才算是忠于职守的典范？'，如何？你还满意吗？"

这次师古不答，只是又问了一个问题："父亲，最后问你一个问题，如果国君命令我去做一件伤天害理的事，我是要听命行事呢，还是违命就义？"

"这……"思鲁震动了一下，"问得好，这是关键问题。"思鲁突然肃容相向，两眼圆睁，瞪着师古好半响。

师古实在被瞪得很难过了，轻唤一声："爹！"

"哦，这次我仍然要搬出你祖父的说辞。记得你祖父曾这么说过：'周灵王的太子姬晋曾说：帮人家做饭，少不得分得一杯羹；看人家打架你上前去劝，没有不被打伤的。这话是说，当人家在做好事的时候你去凑一角，准没错；相反，当人家在做坏事的时候你千万要躲得远远的，绝不可参加党派去做不该做的事。凡是对人有损的事，绝对不可做。可是啊，一只穷途末路的小鸟飞来投靠我，只要有爱心总会怜悯它的；何况遭人迫害的义士来托庇于我，我应当舍弃他吗？伍员之被渔夫救助，季布之被人藏匿车中，孔融之掩藏张俭，孙嵩之保护赵岐等史例，都是前代所看重的，也是我所奉行的。就算因此获罪，死也心甘情愿。至于郭解的代人报仇、灌夫的无理强索田地等，都是游侠之类的人做的事，不是一个有教养的君子所应当做的。如果作奸犯科、做出不利国家的事的，就不值得去同情的了。亲友有困难，自己有能力帮忙，就不应当吝啬；若是没安好心来诈财、提出无理要求，就不是我所教你们要同情的了。墨翟之类的人，大家称之为热腹；杨朱之类的人，大家称之为冷肠。肠不可冷，腹不可热，要之，遵循仁义的道理做去，就对了。'

"你听出来了吧？祖父的意思是……"

"是，'生我所欲也，义亦我所欲也，二者不可兼得，宁舍生取义也'。"师古肃容答道，觉得有一股大力量正在把他撑起似的。

思鲁一面轻拍师古之背，一面忙不迭地连声赞好。

十二、止足

掌灯时候，思鲁小心翼翼地把烛台搁在颜之推的桌案上。

然后缓缓转过身，对倚窗而坐，正望向西天一抹残晖的颜之

推,说道:

"父亲,杨仆射(按:射,音yè)的管家还等着您回话呢。"

思鲁口中的杨仆射不是别人,正是当今天子底下一等一的红人——杨素,他后天过生日,正大事邀宴朝中同僚,像颜之推这种当世名儒,他当然不会轻易放过。

"嗯!就把回帖拿给他吧。喏,就在桌上。"

说着,之推站起身来。

思鲁看了回帖一眼,不禁失声:"爹,您不赴宴?"

"为何一定要赴宴?"

思鲁望着此刻正精芒四射的颜之推的眼神,不觉低下头,呆立了好半晌,费力地说道:"爹,我看,您再考虑一下吧?"

颜之推摆一摆手,示意他照着做。

思鲁愣了一下,这才转身出去。

"慢,回来。"

"爹,您……"思鲁不禁惊喜交集。

"待会儿,把你两个弟弟一起叫进来吧,我有话说。"

"是,父亲。"思鲁失望不已。

颜之推待思鲁出去后,回头坐在胡床上,便闭目沉思起来。思鲁的意思他是知道的,是认为杨素正当红得发紫的时候,能不得罪就不要得罪。思鲁不晓得杨素能得皇帝的特别宠信,倒不是因为裙带关系,而是凭着真刀实枪,一步一步爬上去的,他的确在能力与胸襟上超人一等,他今天如果因为颜之推婉谢邀宴而怀恨在心,那么,杨素也不值得这样"敬鬼神而远之"了。

颜之推想到这里,忽听得有脚步声传进来,晓得思鲁兄弟他们来了。

兄弟三人一进来，立向之推请安。

之推先不答话，吩咐游秦在香炉上燃上麝香，不一会儿满室生香。

颜之推待兄弟三人坐定，就要言不烦地将方才思鲁的疑难提出来，并对自己的处理方式稍做了一下解释。

"如何？"之推对每一个人的反应都仔细端详一番，发现他们都有原来如此的表情，这才放心地喝了一口热汤，白蒙蒙的烟在之推脸旁袅袅升起。

"如果你们都了解这件事了，我可要再讲另一件事了，要你们来的目的也在这里。"之推讲到这里故意顿了一下。

"爹，"思鲁与两位弟弟交换了一下目光，说道："您请说。"

"我希望你们以杨素所为为戒，别看他现在志得意满，但是又能保有几时？"

兄弟三人看着他们敬佩的父亲表情凝重的说话神情，都不由得坐正了身子，准备专心谛听训话，因为他们都非常清楚，之推这种表情正是要训话的先声。

果不其然，颜之推接下去一口气讲了一大串话，毫不让他三个儿子有搭腔的余地：

"《礼记》说：'不可放纵欲望，不可让事事满意。'宇宙可以有它的尽头，人的情性是没完没了的。只有设法控制自己，不要有太多的欲望，要知所满足，每一人都应该为自己立一个最大限度。咱们的祖先靖侯（按：之推的九世祖，名含，有功封为靖侯）曾经这么告诫子侄辈说：'你们家是书香门第，好几代下来都不重视富贵。到今天为止，还没有人当到薪水二千石以上的高官的

颜氏家训：一位父亲的叮咛

（按：古时候官员薪水以谷子计算，二千石薪水的收入起码是地方一级行政首长，也算不小了；但比起有万石收入、可以参与决策的公卿大臣自然低很多），结婚对象绝不可贪图权势显赫的家庭。'这番话，我可是奉行了一辈子，认为是了不起的名言啦。"

"宇宙间大自然与超自然的道理，无非是厌恶凡事过分，像碗中水装太满以致溢出来。谦虚一点、吃亏一点，一定可以免除祸患。人活在世界上穿衣服为的是御寒，吃东西为的是充饥。身体只是讲究需要，而不理奢靡；那么，身体以外，还刻意追求什么穷奢极欲呢？周穆王、秦始皇、汉武帝，已经拥有整个天下的财富了，仍感到不足，最后才惨遭失败命运，何况一般的人呢？"

"我总是这么认为，二十口的家庭，奴婢再多，也不得多过二十人；良田只要十顷就足够了，房子能遮蔽风雨，也就可以将就过得去了，车子、马匹作为年纪大的人代步的工具也就可以了，存个万把个铜板，万一有个三长两短，可以拿来救急。凡是超过这个限度的，统统拿去救济人家吧；不到这个限度的，千万不可昧着良心去索求。"

"做官只当它是糊口的职业，做个中级官吏也就行啦。往上看，在我前面的有五十人，往下看，在我后面的有五十人，也就面子十足了，而且不会有风险。万一上面任命你升官，就应当委婉谢绝，别做出风头的事。前几年我当过黄门郎（按：皇帝侍从秘书）的官，照说应当辞退，无奈当时寄人篱下，担心辞退得不好，反而惨遭折磨，老想设法辞职，就是找不到适当时机。自从天下大乱以来，我看见乘时而起、侥幸获取富贵的人，早上还大权在握呢，不料晚上就尸填山谷了，总是白天的时候高兴得像战国时代发大财的卓清寡妇和程郑，到得晚上就悲苦得像春秋时代殒命的颜渊和原思,这种人可不是十个、五个而已啊!要小心!千万要小心!"

颜之推的话声戛然而止,思鲁兄弟三人互换一眼,默然不语。

忽听得有个女声响自门口:"你们爷儿几个可谈好了吧?"兄弟三人异口同声地唤了一声:"母亲!"门帘掀起,走进一位装扮朴素的妇人,正是颜之推的原配夫人——殷氏。

"我在门口等了好大一会儿了,要不是你自行停顿了,哪有我插嘴的份?"颜夫人瞧着颜之推,微笑说道。

"夫人,言重,言重。"颜之推眉开眼笑回道,"可是吃饭时间到了?"

"谁说不是?"颜夫人瞪了丈夫一眼。颜之推哈哈笑了一声,掩饰过去,随即起身走出来,余人也随后跟了出去。

十三、归心

颜家有间小佛堂,这是颜之推晚年所建,他每天总会来此一趟,或念佛、或沉思、或静坐,消磨个大半天也是常有的事,这时他极不愿有人打扰,所以每次都他一人独处。

这小佛堂说大不大,说小不小,容纳个七八个人还不至感到拥挤。这是因为房间空荡荡的,正中供有小佛像一尊,一摞佛经陈列其下,此外就别无他物了。

此刻,颜思鲁兄弟三人正相偕走入佛堂,只见颜之推瞑目跌坐（按：趺，音fū，趺坐，盘腿而坐）在最里边的一个蒲团上，在他前面摆着三个蒲团，兄弟三人也不出声地坐了上去。之推叫人去请他们，三人来此一会儿，心里就开始嘀咕了，浑不解有何用意，在他们印象中似乎没有在佛堂中与父亲共话的经验。

就在兄弟三人胡乱猜测的时候，颜之推睁开了眼睛，三个人立即向之推问安。

颜之推稍微问了一下他们三人的学问进境，这才慢条斯理地解释要他们来的缘故：

"一直没跟你们谈过佛理，想想错过今天，也不知是否还有机会跟你们谈，就算有那机会，也不见得有那心情。今天我纯粹是心血来潮，想到就做。你们不必太感奇怪。好吧，闲话少说，言归正传吧。"

接下来颜之推就老实不客气地讲了一大篇，以下就是他讲的内容：

佛家讲的过去、现在、未来等"三世"的事情，实在是值得相信、有证据的说法。我们家的学问未免驳杂，如果能收心在这里，未免不是一件好事，你们可别过于小看它。佛家精妙的宗旨，都写在经、论上，今天是没时间转述给你们听了，我只是担心你们误听一些外行的话，就有先入为主的牢不可破的错误观念，不妨略微替佛家辩解一下，供你们参考。

如能掌握色、香、味、触这四种感觉能力——佛家语合称之为"四尘"，以及色、受、想、行、识这五种认知能力——佛家语合称之为"五蕴"，就能剖析宇宙万事万物之理。佛家运用"声闻""缘觉""菩萨"等"三乘"，以及"布施""持戒""忍辱""精进""禅定""智慧"等"六舟"的修持方法，来超度众生。（按：以上佛家所使用的专门术语，非表面文字意义所能了解，读者在此不必仔细追究，因其无关本章宏旨。）佛家有一万种行动方式可以助人达到真理的极致，有一千种法门可以助人进入美好的境界。佛经中所洋溢的辩才和智慧，可以让世人知道天下博大高明的学问，不仅仅是儒家七部经典——《诗》《书》《易》《礼》《乐》《春秋》《论语》——和诸子百家之书而已。我甚至可以确定地说，佛家的最高境界不是尧、舜、周公、孔子等人所揭示的大道，所能赶得上的。

佛家与儒家分属内外两个教派，本来是互为一体的，逐渐演变得越来越不一样，彼此境界也就深浅有别。内教的经典中其初学的门径，设有五种禁戒；外教的经典中所讲的仁、义、礼、智、信这五德，都与它相符合。仁就是不杀生的禁戒，义就是不偷盗的禁戒，礼就是不邪恶的禁戒，智就是不淫乱的禁戒，信就是不虚妄的禁戒。至于人世间所行的打猎、战争、宴会、刑罚等种种作为，原本就是人类的本性，没办法一下子就废除，让它稍稍节制，不至流于横行无忌的地步也就可以了。我们既然可以尊崇周公、孔子之道，又为什么违背佛家教义呢？这是何等的怪事啊！

世俗诽谤佛家的说辞，归纳起来有下列五种：第一，讲到世界以外的以及许多稀奇古怪的事情，这是非常迂阔荒诞的事；第二，人世间的吉凶祸福，不见得必然有所报应，这是欺骗诈诳的事；第三，出家当和尚、尼姑的人不见得个个来路清白，寺庵成了藏奸纳秽的渊薮；第四，寺庵耗费不少黄金，寺产不缴租，僧尼不服役，这对国家经济打击很大；第五，就算是真有因缘其事，善恶有报，又怎么能够确定今天辛苦工作的甲，一定对后世的乙有所帮助？这算得是仁吗？现在一并解释，说明于下。

对于第一项说法,我的辩解如下:很大很大的东西是测量不出来的。今天人所知道的也不过天地这个世界。天为各种虚气累积而成,地为各种实物累积而成,太阳为所有阳刚之物萃聚而成,月亮为所有阴柔之物的汇聚精华,而星辰为宇宙万物的精华所在,也是儒家寄托精神的地方。坠落下来的星辰变成一块顽石。精华如果是顽石的话,就不可能有光芒;它的重量又很可观,究竟是怎么悬挂在天上的呢?一颗星辰的直径,大的有一百里之长,星辰之间的距离,有相隔好几万里的。直径百里之长的物体,彼此间隔好几万里,纵横错落在天际,没有月亮的盈缺之期。再者,星辰与日月之间,形状与色泽是相同的;只是大小有别就是了。可是,日月又是石头吗?石头是很牢固的东西,月亮里面又如何存在兔子呢?石头漂浮在大气里面,难道可以自行运转吗?日月星辰如果都是气体,气体是轻浮的东西,就应当与天合而为一,来回地转动,绝不出差错;这里速度的快慢,按道理应该是一样的。为什么太阳、月亮、五大星辰、二十八星宿都各有各的度数,移动的速率不一致呢?难道是气体坠落于地的时候,忽然转变为石头吗?地既然是实质的东西,按说应当是厚重的东西,可是在挖地的时候,却又挖出泉水,这就是地浮在水上的明证了。那么,积水下面,又有什么东西呢?江水遍经千山万谷,它从哪里来,东流到海,为什么满不起来?水流所聚之处,水又流到哪里去了?潮汐的涨落,谁在管理呢?天上东方的天河,为什么不会消失呢?有道是水往低处流,又为什么常升到天上?开天辟地的时候,天上就有星宿了,但是地上九州还未划分,列国并存的情况也还未来临呢。封建以来,谁在主宰天上地下的事呢?地上的国家有增减,天上的星辰其位置始终不变,吉凶祸福之事每天照样层出不穷。天地之大,星辰之多,为何在方位的辨识上,唯独只方便中国一地?(按:以上所言,代表颜之推时代的人对宇宙的认识,当然是丝毫无法与今日我们相比的,但是,人类对宇宙突破性的认识乃是近三百年的事,尚望读者注意及此。)代表北方游牧民族的星辰叫旄头星,它所指示的方向,正是当年强盛一时的匈奴的故乡。这么说来,西胡、东越、南蛮三地算是放弃了?诸如此类的问题多不胜举,难道可以用寻常的人事道理来解释?还是说可以在宇宙之外另谋一番道理来解释呢?

一般人只相信眼睛所看到的以及耳朵所听到的,对眼见与耳闻之外的事物,一概怀疑。儒家对天的看法,自然有好几种,有的说地为天所包围,有的说天像顶斗笠把地盖住,有的说日月众星浮生在虚空之中等。天到底是靠何物支撑起来的,如果能让人亲眼看到,就不会有这么多种看法了;如果是凭推测的,谁是谁非就没一个准据了。如此说来,大家为什么相信凡人的臆测之说,而怀疑释迦牟尼的奥妙的说法呢?为什么一口认定绝没有像印度恒河中沙子般多的世界,一粒微小的沙尘都要历经好几劫呢?而我们中国的邹衍也有类似这种看法,说中国人所知的世界只不过是好几个世界中的一个。山中的人绝对不相信世上有像树木这般大的鱼,海上的人绝对不相信世上有像鱼这般大的树木。汉武帝不相信世上有一种胶可以黏合断刀裂剑,魏文帝不相信世上有一种水性的布可以起火。游牧民族看见锦布,不相信这就是用蚕吐的丝织成的。我从前在江南的时候,不相信世上有可以容纳一千人的帐篷;等到了河北,发现有人不相信世上有两万斛重量的大船。这都是我亲身经历过的。

对于第二项说法,我的辩解如下:事物中可信与不可信的全都有征兆可寻，就好像影之随身、响之应声。这种事或由耳闻、或经眼见，已经是非常之多了。其所以有例外，或许是因为主观的诚心不够，也或许是因为客观的活动和缘分还没产生感应，使得报应没能立即到来，其实最后还是会来的，早晚而已。一个人善恶的行径，决定了福祸的报应，九流百家都持这同一论调。为什么唯独佛家这样说就成了胡说八道呢？世上固然是有好人没好报的事，像项橐、颜回的短命而死，原宪、伯夷的受冻挨饿而死，都是显著的例子。相反的，有一些坏人却得了好报，像盗跖、庄蹻这种大盗的获得长寿，齐景公、桓魋这种不高明领袖的使国家富强，都是显著的例子。这些恐怕不是看今生的吧，而是看前生的，这样就比较说得过去。如果说做好事的人偶然蒙祸，做坏事的人意外得福，就生怨尤之心，这就不对了。这就好像是在指责尧舜的事迹是假的，周公、孔子讲的话不可信，请问你以后靠什么立身处世？

对于第三项说法，我的辩解如下：自有人类以来，坏人多而好人少，怎么可以要求每一位僧尼都是好人呢？看见有名的僧侣的崇高行径，故意装没看见；只要见着不高明的僧侣，就肆意谩骂佛教。而且，学的人不勤勉，难道这是教育者的过错？一般僧侣的学佛经、佛律又跟士人的学《诗》《礼》有什么差别？我们如果以《诗》《礼》书中所要求的标准，来衡量整个朝廷的官员，大概找不出几个合标准的了；以佛经、佛律所设的禁条，来衡量所有出家的人，怎么可以单独要求所有僧侣都不能犯错呢？而且，品德很差的官员依然在求取高官厚禄呢，违背禁条的僧侣坐受供养，又有什么可惭愧的？一般说来，只要是人多多少少都会偶尔犯戒的，只是，有人一披上法衣，就成了僧侣，长年吃斋念经下来，比起一般流俗的人来，其高明倒是有如山高海深的。

对于第四项说法，我的辩解如下：内教修持的方法多得很，出家只是其中一种方法罢了。要是一个人真的有孝心，并有着博施济众的襟怀，那么，只要做到流水居士（按：流水不知为何人）的地步，也用不着把须发全剃掉。何需把所有的田地全拿去盖庙塔，把所有的生产人口全叫去当僧尼呢？都是政治上不轨道，才使得胡作非为的寺院妨害人民的耕作，不事生计的僧侣破坏了国家的赋税来源。这实在不合佛家救世的本旨呀！

再有一点，追求真理属于个人的企图，收取税物属于国家的图谋。这种个人企图与国家图谋是无法并行不悖的。实在是有点像官员以身殉主而舍弃抚养双亲的责任，以及孝子为了负担家计而忘却应负的国家责任一样，全是无法两全其美的缘故啊。儒家中有不为王侯所屈，独来独往、清高自诩的人；隐士中有视爵位如粪土，一天到晚躲避政府的任命、隐居在山林里面的人。我们怎能要这些人交税，又认定他们为罪人呢？如果世人都能接受佛教信仰，而且奉行不辍，那么有了这种精神食粮，又何必汲汲追求物质粮食呢？

对于第五项说法，我的辩解如下：人的形体虽死，精神仍在。人生活在这个世界上，对于死后来说，似乎生前与死后毫不相干。等到死后，你的灵魂与你的前身之间的关系，就如同一位老人与一位小孩朝夕相处一般的亲密。世上的确有灵魂托梦于人的事，借着妻子儿女入梦后，向他们索取食物，这等事还真不少呢。今天有人看到自己这辈子如此贫贱痛苦，没有不怨恨前世没能修好功业的。这样说来，为了下辈子能过好日子，这辈子可不能不预为之计了。凡夫俗子都自我障蔽，看不清事理，更别说看不清未来了，所以也就不了解什么今生、来生之说了。如果人都具有像老

颜氏家训：一位父亲的叮咛

天那般精明的眼睛，他就会理解人的思虑是如何的惊人，通常都是此念方生，彼念乍灭，如此循环生灭不已，这难道一点都不可怕吗？

再者，一位君子活在这个世界上，最重要的是，要能克制自我、实践礼仪，挽救时艰、博施群众。管理一个家庭，希望这个家庭幸福美满；统治一个国家，希望这个国家一切上轨道。我的仆人、侍妾、臣僚、人民，与我又没有什么亲密关系，我为什么辛苦修持自己，而把福气降给他们？恐怕也是跟尧、舜、周公、孔子这几位傻瓜一样，徒然使自己荒废许多欢乐时光罢了。如果这样想就错了。一个人修身求道，到底能拯救多少苍生呢？能使得多少人解脱罪刑？希望你们好好思量这个问题。

你们要是顾虑世俗的职责，成家立业了，就不可抛弃妻子儿女，自顾自地跑去当和尚。只要依据戒持好好修养心性，留心佛经的研读即可，好作为促使来生幸福的重要凭借。人生是非常宝贵的，千万别过得没有意义。

儒家的君子，还都离厨房远远的，这是因为喜欢看活泼蹦跳的动物，而不忍心看到它们被宰割的惨状，待听到它们的惨叫声就吃不下它们的肉了。像高柴、折像这两个人，全没听说过内教的事，照样不杀生。这就是具有仁慈之心的人自然的表现。凡是生物，没有不爱惜生命的，一定要努力不去做杀生的事。好杀生的人，临死都受到报应，即使不这样，也会殃及子孙，这种例子非常之多，无法在今天这个短短时间一一讲到。今天姑且讲几个例子好了。

梁朝时候，有人常常拿鸡蛋白洗头发，说这样会滋润头发（按：今天我们有许多洗发精即标榜含有鸡蛋黄的，之推所说倒是这种洗发精的老祖宗），使它长得油光光、乌亮亮。每次洗就动用三十枚鸡蛋。等到他临终那天，只听头发中传出好几千只啾啾的小鸡叫声。

江陵有个姓刘的人，以贩卖鳝鱼羹为生。后来生下一个小孩，头像鳝鱼头，头部以下才是人形。

王克在永嘉太守任内，有人送了头羊给他，于是为此开了个餐会，请了许多宾客。请客那天，把羊牵出来，羊突然冲到一位客人面前，跪下来拜了两拜，这位客人毫不理会，不出声救它。等到羊肉端上来供大家食用，天下就有这种巧事，羊肉竟放在这位客人前面，他当然不客气，就先行食用了。想不到羊肉一吃到肚中，就痛苦地号叫不已，正想说几句话呢，却出以羊叫声，连叫几声后也就死了。

梁元帝在江州的时候，有个县长由于县政府被叛军烧毁，暂时住在一所寺庙中。老百姓自动送了一头牛、几缸酒去给他压惊。县长就叫人把牛绑在柱旁，把寺庙稍事整理后就接待起宾客来。牛还没杀的时候，不知怎的这头牛突然扯断了绳子，跑到台阶下向县长拜了下去。县长大笑，命左右拉下去宰了。饱餐一顿之后，便在屋檐下睡觉，睡醒之后感到身上很痒，就到处抓痒，全身因而长满癞痢，十年多后因为癞病严重致死。

杨思达在西阳郡太守任内，刚好遇上侯景之乱，又祸不单行，碰到旱灾，饥民都来偷田里的麦子。思达就派一位部属去守麦田，凡是抓到偷麦的就砍掉手腕，一共砍了十几个人。这位部属后来生了一个男孩子——一个缺手的男孩子。

齐国有位官员，家里非常有钱，可非得自己亲手杀的牛才叫好吃。三十几岁的时候，就病重将死，临死之前看见成群结队的牛跑来找他，他的身体觉得如挨刀刺般的疼痛，遂被痛死了。

江陵人高伟，随我投奔齐国。几年下来，他靠捕鱼为生。后来生病要死，他居然看到成千上万的鱼蜂拥而来咬他，结果惨叫而死。

世界上有许多痴呆的人，不知仁义为何事也就罢了，竟然也不晓得想要富贵也由不得自己，完全是老天的旨意。为自己儿子讨房媳妇，恨她嫁妆太少，就以尊长的身份加以肆意虐待、折磨，一点都不管忌讳，辱骂人家的父母，这不正是在教她不用孝顺自己吗？这种人只知道疼自己的子女，却不疼自己的媳妇。难道就因为媳妇是别人的子女，就可以不用疼吗？像这种人上天都暗地里把他的罪过记录下来，恶鬼都在准备去破坏他的算计的，千万别跟他当邻居，就别说要跟他交朋友了。可要好好躲避这种人呀，好好躲避这种人。

颜之推讲到这里戛然止声，长出了一口气，缓缓地举杯就口，喝下一大口已经凉掉的汤，皱了一下眉头。愍楚察觉了，轻轻起身，从水壶中重新倒了杯温汤给父亲。

颜之推点了点头，接过来喝了几口；一抬眼看到他三位儿子都很关心地望着他，顿觉非常安慰，眼睛一闭，这一生所作所为一一在脑海中浮现。

颜思鲁兄弟三人望着之推怡然自得的神情，过了片刻才互相交换了一下目光，都会意该走了，就轻手轻脚地走出小佛堂。

这时，佛堂外树枝簌簌作响，佛堂内颜之推如老僧入定般地坐在那里，任谁见了也不敢相信这位就是饱经忧患的一代儒宗、一代子女心目中最值得信赖的父亲。

附录

附录一

观我生赋
——颜之推自传

一

仰浮清之藐藐，俯沉奥之茫茫。

已生民而立教，乃司牧以分疆，

内诸夏而外夷狄，骤五帝而驰三王。

大道寝而日隐，《小雅》摧以云亡。

哀赵武之作孽，怪汉灵之不祥。

旄头玩其金鼎，典午失其珠囊。

瀍涧鞠成沙漠，神华泯为龙荒。

吾王所以东运，我祖于是南翔。

去琅琊之迁越，宅金陵之旧章。

作羽仪于新邑，树杞梓于水乡。

传清白而勿替，守法度而不忘。

逮微躬之九叶，颓世济之声芳。

问我良之安在？钟厌恶于有梁。

养傅翼之飞兽，子贪心之野狼。

初召祸于绝域，重发衅于萧墙。

虽万里而作限，聊一苇而可航。
指金阙以长铩，向王路而蹶张。
勤王逾于十万，曾不解其搤吭。
嗟将相之骨鲠，皆屈体于犬羊。
武皇忽以厌世，白日黯而无光。
既飨国而五十，何克终之弗康？
嗣君听于巨猾，每凛然而负芒。
自东晋之违难，寓礼乐于江湘；
迄此几于三百，左衽浃于四方。
咏苦胡而永叹，吟微管而增伤。
世祖赫其斯怒，奋大义于沮漳，
授犀函与鹤膝，建飞云及艅艎；
北征兵于汉曲，南发铧于衡阳。
昔承华之宾帝，寔兄亡而弟及，
逮皇孙之失宠，叹扶车之不立。
间王道之多难，各私求于京邑。
襄阳阻其铜符，长沙闭其玉粒。
遽自战于其地，岂大勋之暇集？
子既损而侄攻，昆亦围而叔袭。
褚乘城而宵下，杜倒戈而夜入。
行路弯弓而含笑，骨肉相诛而涕泣。
周旦其犹病诸，孝武悔而焉及。

二

方幕府之事殷，谬见择于人群，
未成冠而登仕，财解屦以从军。
非社稷之能卫，□□□□□。（按：缺字。）
仅书记于阶闼，罕羽翼于风云。
及荆王之定霸，始雠耻而图雪。
舟师次乎武昌，抚军镇于夏汭。
滥充选于多士，在参戎之盛列。
惭四白之调护，厕六友之谈说。
虽形就而心和，匪余怀之所说。
縶深宫之生贵，矧垂堂与倚衡。
欲推心以厉物，树幼齿以先声。
忾敷求之不器，乃画地而取名。
仗御武于文吏，委军政于儒生。
值白波之猝骇，逢赤舌之烧城。
王凝坐而对寇，白诩拱以临兵。
莫不变蝘而化鹊，皆自取首以破脑。
将晡睨于渚宫，先凭陵于他道，
懿永宁之龙蟠，奇护军之电埽。
奔虏快其余毒，缧囚膏乎野草。
幸先主之无劝，赖滕公之我保。
剟鬼录于岱宗，招归魂于苍昊。
荷性命之重赐，衔若人以终老。
贼弃甲而来复，肆觜距之雕鸢。

积假履而弑帝,凭衣雾以上天。
用速灾于四月,昊闻道之十年?
就狄俘于旧壤,陷戎俗于来旋。
慨黍离于清庙,怆麦秀于空廛。
蕡(fén)鼓卧而不考,景钟毁而莫悬。
野萧条以横骨,邑阒寂而无烟。
畴百家之或在,覆五宗而翦焉。
独昭君之哀奏,唯翁主之悲弦。
经长干以掩抑,展白下以流连,
深燕雀之余思,感桑梓之遗虔。
得此心于尼甫,信兹言乎仲宣。

三

遂西土之有众,资方叔以薄伐,
抚鸣剑而雷咤,振雄旗而云窣。
千里追其飞走,三载穷于巢窟,
屠蚩尤于东郡,挂郅支于北阙。
吊幽魂之冤枉,垲园陵之芜没。
殷道是以再兴,夏祀于焉不忽。
但遗恨于炎昆,火延宫而累月。
指余棹于两东,侍升坛之五让。
钦汉官之复睹,赴楚民之有望。
摄绛衣以奏言,忝黄散于官谤,
或校石渠之文,时参柏梁之唱。

顾甔瓯之不算，濯波涛而无量。

属潇湘之负罪，兼岷峨之自王。

伫既定以鸣鸾，修东都之大壮。

惊北风之复起，惨南歌之不畅。

守金城之汤池，转绛宫之玉帐。

徒有道而师直，翻无名之不抗。

民百万而囚虏，书千两而烟炀。

　　溥天之下，斯文尽丧。

怜婴孺之何辜，矜老疾之无状。

夺诸怀而弃草，踣于涂而受掠。

冤乘舆之残酷，轸人神之无状。（按：后两字疑有误。）

载下车以黜丧，捋桐棺之藁葬。

云无心以容与，风怀愤而憀悢。

井伯饮牛于秦中，子卿牧羊于海上。

留钏之妻，人衔其断绝；

击磬之子，家缠其悲怆。

小臣耻其独死，实有愧于胡颜，

牵疴痕而就路，策驽蹇以入关。

下无景而属蹈，上有寻而丞搴，

嗟飞蓬之日永，恨流梗之无还。

　　若乃玄牛之旌，九龙之路。

　　土圭测影，璇玑审度。

或先圣之规模，乍前王之典故。

与神鼎而偕没，切仙宫之永慕。

尔其十六国之风教，七十代之州壤，

接耳目而不通,咏图书而可想。
何黎氓之匪昔?徒山川之犹曩。
每结思于江湖,将取弊于罗网。
聆代竹之哀怨,听出塞之嘹朗,
对皓月以增愁,临芳樽而无赏。

四

日太清之内衅,彼天齐而外侵。
始鱿国于淮浒,遂压境于江浔。
获仁厚之麟角,克俊秀之南金。
爱众旅而纳主,车五百以夐临。
返季子之观乐,释钟仪之鼓琴。
窃闻风而清耳,倾见日之归心。
试拂蓍以贞筮,遇交泰之吉林。
譬欲秦而更楚,假南路于东寻。
乘龙门之一曲,历砥柱之双岑。
冰夷风薄而雷响,阳侯山载而谷沉。
侔挈龟以凭浚,类斩蛟而赴深。
昏扬舲于分陕,曙结缆于河阴。
追风飙之逸气,从忠信以行吟。
遭厄命而事旋,旧国从于采芑。
先废君而诛相,讫变朝而易市。
遂留滞于漳滨,私自怜其何已。
谢黄鹄之回集,恧翠凤之高峙。

附录

曾微令思之对,空窃彦先之仕。
篆书盛化之旁,待诏崇文之里。
珥貂蝉而就列,执麈盖以入齿。
款一相之故人,贺万乘之知己。
秖夜语之见忌,宁怀璧之足恃?
谏谮言之矛戟,惕险情之山水。
由重裘以胜寒,用去薪而沸止。
予武成之燕翼,遵春坊而原始。
唯骄奢之是修,亦佞臣之云使。
惜染丝之良质,惰琢玉之遗祉。
用夷吾而治臻,昵狄牙而乱起。
诚怠荒于度政,愧驱除之神速。
肇平阳之烂鱼,次太原之破竹。
寔未改于弦望,遂□□□□。(按:缺字。)
及都□而升降,怀坟墓之沦覆。
迷识主而状人,竞已栖而择木。
六马纷其颠沛,千官散于奔逐,
无寒瓜以疗饥,靡秋萤而照宿。
雠敌起于舟中,胡越生于辇毂。
壮安德之一战,邀文武之余福,
尸狼藉其如莽,血玄黄以成谷。
天命纵不可再来,犹贤死庙而恸哭。
乃诏余以典郡,据要路而问津。
斯呼航而济水,郊乡导于善邻。
不羞寄公之礼,愿为式微之宾。

· 145

忽成言而中悔，矫阴疏而阳亲。
信诡谋于公主，竟受陷于奸臣。
襄九围以制命，今八尺而由人。
四七之期必尽，百六之数溘屯。
予一生而三化，备荼苦而蓼辛。
鸟焚林而铩翮，鱼夺水而暴鳞。
嗟宇宙之辽旷，愧无所而容身。
夫有过而自讼，始发蒙于天真。
远绝圣而弃智，妄锁义以羁仁。
举世溺而欲拯，王道郁以求申。
既衔石以填海，终荷戟以入秦。
亡寿陵之故步，临大行以逡巡。
向使潜于草茅之下，甘为畎亩之人。
无读书而学剑，莫抵掌以膏身。
委明珠而乐贱，辞白璧以安贫。
尧舜不能荣其素朴，桀纣无以污其清尘。
此穷何由而至？兹辱安所自臻？
而今而后，不敢怨天而泣麟也。

附录二

《观我生赋》解析

一、本文于文学史上的地位

本篇一向被视为树立唐代诗坛先声之巨作,也是结束汉代以来长赋的殿军之作,可以说是处于赋与诗分水岭上的文学瑰宝。此后中国文坛上再也见不到类似的鸿篇巨制。

二、本文大旨

简单一句,即是作者寄托国破家亡、民族文化传承情怀的作品。他将中国文化的诞生以及先圣先贤开国的努力,作为本文的序幕,并与自己颠沛流离的一生强有力地绾结在一起,于此亦可见作者勇于传递文化薪火的胸襟与抱负。

从实质以观之,本文实在与史诗无异,打个比方的话,就有点类似清初吴梅村所写的《圆圆曲》,吴梅村歌咏的是陈圆圆,颜之推铺叙的是他本人。

三、本文各章章旨

第一章,从民族文化起源讲起,提到中国文化黄金时代,圣君贤王是如何创立制度为中国文化奠基的。及至近代,中华民族武备是如何的不竞,于是乎,惨遭外来侵凌,乃至丧失中原,不得已而立国江南。国运如此,家运亦然。颜家亦随政府南迁,传了九世而到颜之推本人。梁武帝惨淡建国，末经侯景之乱而致死。而西方诸侯王纷纷起兵勤王，这时，颜之推在湘东王幕中，然而诸侯王却忙着内讧。

第二章，叙述颜之推自己年轻时赖军功登仕而效力于湘东王萧绎幕中；复随王世子萧方诸出镇郢州，却为侯景部将所败，自己被擒；于囚送建业途中，几濒于死。颜之推到达建业后，便到颜氏寄籍的老家和祖坟去徘徊、流连，深感无家可归的悲哀。

第三章，叙述王僧辩率各路勤王军，会攻建业城，终平侯景之乱，而整个建业宫城也付之一炬。梁朝不得已迁都西部的江陵城，由湘东王萧绎即位为帝，是为梁元帝。不久，西魏军又来攻打江陵，围城二十一天后，因粮食吃尽而投降，梁元帝呼天抢地、尽焚图书，谓中国文化从此绝矣。是时，颜之推抱病杂在百万俘虏官民中，被遣送长安。

第四章，叙述颜之推由北周国（西魏的继承者）逃到东方的北齐国，打算假道回到南方的梁国，可是南方的梁国遭致亡国而变成了陈国，只好留在北齐异国。颜之推处在北齐宫廷胡汉两派官僚激烈斗争下，差点送了命。不久，齐国又为周国所灭，颜之推第三度被俘，被解往长安。颜之推于途中感极而悲，遂写下千古流传的本文。

四、本文不译成白话的理由

中国的赋，是一种很特殊的文体，注重形式美，其中除了典故层出不穷之外，让人看了头大的僻字和怪字还真"车载斗量"呢，实在很难译成今天的白话诗体，除非你不怕硬译所导致的味道全失。因此，尚请读者诸君谅之，莫道作者是在偷懒。如今译成功的白话赋文还真不多见呢。

附录三

颜之推文章风格释例一则

颜之推的文章于说理处善用比喻,兹举一段以明之。

"人足所履,不过数寸;然而咫尺之途,必颠蹶于崖岸,拱把之梁、每沉溺于川谷者,何哉?为其旁无余地也。君子之立己,抑亦如之。至诚之言,人未能信;至洁之行,物或致疑。皆由言行声名,无余地也。吾每为人所毁,常以此自责。若能开方轨之路,广造舟之航,则仲由之言信,重于登坛之盟;赵熹之降城,贤于折冲之将矣。"

这段文字是《颜氏家训》书中,少数几处难解之一,除了充分显示他善使比喻说理之外,也暴露他爱用对句的习惯,唯对句运用得自然精纯,故不致引人讨厌就是了。

兹将引文试译成白话如下,尚请高明指教:

"只要几寸之地就可供人站立;然而在短短的旅程上往往会在悬崖水边失足跌落,在狭小的桥上每每发生溺毙于溪谷水中的惨剧,这是什么缘故呢?无非是旁无余地呀。作为一位君子,其立身行事也应当像这样留给人家余地。至诚的言辞,不能令人相信;至洁的行径,反启人疑窦。这都是言行、声名没有余地的关系。我常常招致诋毁,于此之时,我便以这种道理来责备自己。一个人要是有开大路、筑大桥的胸襟,那么,信用著于四海的子路的一句话，便重过诸侯间的盟誓，由信义远近驰名的赵熹出面劝降一座城，便比一般战场猛将不知高明多少倍了。"

这段文字摘自《颜氏家训·名实》篇第十，第二节。由于难解的关系，作者不敢写入本书中，因此公开置于此处，一则以示负责，二则以明之推的文章风格。

此外，读者尚可从本段文字的字里行间，读出颜之推对子弟说话不做作的诚信作风。

附录四

本书主要人物所据资料

颜思鲁：隋文帝时仕东宫。（《旧唐书》卷六十一《温大雅传》）唐高祖武德初，为秦王府记室参军。（《旧唐书》卷七十三《颜师古传》）初，与妻不相宜，师古苦谏，不听，情有所隔，故唐太宗提醒师古，意谓对父亲态度不对。（《新唐书》卷一百九十八《颜师古传》）

颜愍楚：仕隋为通事舍人，于文帝开皇十七年上书论历曰："汉时洛下闳改颛顼历作太初历，云后当差一日，八百年当有圣者定之。计今相去七百一十年，术者举其成数。圣者之谓，其在今乎？"（《隋书·张胄玄传》）炀帝大业中，因谴左迁，在南阳，朱粲陷邓州，引为宾客，后遭饥馑，愍楚全家被人吃掉。颜之推三个儿子中，以愍楚较有才气，但命运最差，死得太悲惨了。写有《证俗音略二卷》。（《旧唐书·经籍志》）

朱粲其人其事，据《通鉴》卷一八七《唐纪三》，"高祖武德二年"下："朱粲有众二十万，剽掠汉淮之间，迁徙无常。每破州县，食其积粟，米尽，复他适。将去，悉焚其余资。又不务稼穑，民馁死者如积。粲无可复掠，军中乏食，乃教士卒烹妇人婴儿啖之。曰：肉之美者，无过于人，但使他国有人，何忧于馁？隋著作佐郎陆从典，通事舍人颜愍楚，谪官在南阳。粲初引为宾客，其后食，合家皆为所啖。"

颜游秦：隋时典校秘阁。(《旧唐书·温大雅传》)唐高祖武德初，累迁廉州刺史，封临沂县男。时刘黑闼初平，人多强暴寡礼，风俗未安，比游秦至，抚恤境内，敬让大行。邑里歌曰："廉州颜有道，性行同庄老。爱人如赤子，不杀非时草。"高祖玺书劳勉之。俄拜郓州刺史，卒官。撰有《汉书决疑》十二卷，为学者所称，后师古注《汉书》，亦多取其义。(《旧唐书》卷七十三《颜师古传(附游秦传)》)

颜师古：从小博览群书，承袭家学，训诂学尤其拿手，很有文学创作能力。隋文帝仁寿年间，尚书左丞(佐尚书令，总领纲纪)李纲推荐他当赡养县尉(主管一县捕盗、治安的官员)，这是他生平第一个出仕的机会，不想便被当时政坛红人杨素给否决了。杨素就在他年纪轻、身体弱上大做文章，说："赡养县环境复杂，你恐怕无法胜任吧？"亏得师古答道："割鸡焉用牛刀！"竟然改变了杨素的初心。杨素一则惊讶，一则满意师古的应对。师古到任后果然传出相当能干的好评。这时候襄州总管(地方最高行政和军事主管)薛道衡，为颜之推的老朋友，一方面看在故人之子的份儿上，一方面赏识师古的文才，很照顾师古。薛道衡每写文章，就拿去给师古修改，两人关系异常密切。不久不知出了什么差错，颜师古就被免职了，回到长安家里，一待就是十年，迫于家计的缘故，他只好去教书。

等到李渊在太原高举反隋大旗，师古便去投奔，得到朝散大夫(皇帝的顾问)的官职。随李渊作战攻陷长安后，调升为敦煌公府文学(诸侯的幕僚)，不久改调起居舍人(皇家生活记录官)，再迁中书舍人(为皇帝起草政令文书、参与机要的中级官)，专掌机密文件。师古个性敏捷、利落，擅长办事。当时军务倥偬，所有颁布的命令，都由他一手完成。写成文章之优美，当时没有人能赶上他。唐太宗即位，升任中书侍郎（草拟皇帝命令的首长助理），封为琅琊县男，因母亲去世而离职回家守丧。守丧期满，他又回任中书侍郎，一年多后，因做错事而被免官。

唐太宗以儒家经典文字错误过多，便命师古在皇家图书馆内考定"五经"，师古改正不少，事成上奏皇帝。太宗又请求许多学者详加讨论，大家都说师古做的不是。师古随意答辩，论据鲜明，全出乎大家意料之外，这才争相拜服。于是朝廷发布命令，要师古兼通直郎、散骑常侍的官（都是皇帝的侍从秘书）。太宗更颁布所定的儒经于天下，使学者得到不少方便。贞观七年，升任为秘书少监，专门负责勘定古书，所有奇书难字，大家感到疑惑的，都加以剖析，直探本源。然而，在引用后进从事校定事上，师古喜用有钱有势的人家子弟，即使是富商大贾也在引进之列。这么一来，大家都说他收红包，朝廷为平息众怒，调他出任偏远地区的郴州刺史。还没离开时，太宗怜才而责备他道："卿（按：古代皇帝称大臣为卿）的学识，实在是第一流的，但是在侍奉亲长和服务公职这两件事上，没得到社会贤达、名流的称许。今天你落到这等地步，全是咎由自取，怨不得旁人。朕以卿过去功劳不小，不忍把你丢在远地，以后应该好好警惕自己才是。"师古谢罪，这才留任原官。师古个性孤僻、傲慢，懒得多理会旁人，既自负有才气，又少年得志，更是旁若无人。等到老遭到谴责，官运无法亨通，不免颓然丧气，从此闭门谢客，随意穿着，每天莳花养性，把全副心思放在古字古画上。不久他又奉命与博士等撰定"五礼"，贞观十一年完成，进为子爵。这时李承乾为太子，命师古注解班固的《汉书》，解释鲜明，深为学者所推重。承乾上疏请政府褒扬，太宗下

颜氏家训：一位父亲的叮咛

令编入秘阁藏书中，并赐师古良马一匹，其他东西不少。

贞观十五年，太宗下诏，决定到泰山举行祭拜天地的封禅大典，有关人员便忙着议论大典仪式的诸般细节。太常卿（掌宗庙祭祀、礼乐、天文、学校等）韦挺、礼部侍郎（礼部副官员）令狐德棻两人担任封禅大典的正副主持人，对于莫衷一是的议论，正感不知如何是好的时候，不想师古也来凑热闹。师古奏称："臣（按：师古自称）撰定《封禅仪注书》，在十一年春天，当时一众学者参详的结果，认为最为合理。"于是皇帝下令高级官员评议其事，多数人同意师古的说法，却并不遵行。不久，师古升任秘书监、弘文馆学士。贞观十九年，他追随太宗远征高丽，病死途中，享年六十五岁，谥号为"戴"。

他所注解的《汉书》和《急就章》两书，风行海内。唐高宗永徽三年，子扬庭任符玺郎（掌皇帝印章的官），又向政府呈献师古所写的《匡谬正俗》八卷。高宗下令列入秘书阁藏书，赐给扬庭帛五十匹。

起初，思鲁与妻子不睦，师古苦谏，其父不听，多少影响了父子之间的感情，所以唐太宗才提到这件事。（以上参考新旧唐书《颜师古传》，译成白话。）

颜相时：字睿，亦以学闻。唐高祖武德中，与房玄龄等为秦王府学士，又为天策上将府参军事。时李世民以秦王之尊兼天策上将，天策上将相当于中央禁卫军总司令之职，足见相时文武全才。唐太宗贞观中，累迁谏议大夫，拾遗补缺，有诤臣之风，可见颜之推的训诫对相时是有影响的。寻转礼部侍郎。相时赢瘠多疾病，太宗常使赐以医药。性仁友，及师古卒，不胜哀慕而卒。（《旧唐书》卷七十三《颜师古传（附相时传）》）

附录五

《颜氏家训》一书的历史地位

颜之推并无赫赫之功,亦不历显官之位,照常理讲,像他这种人是无法留名青史的,然而居然名垂后世!何故?无非是他写有《颜氏家训》一书,因书而享千秋之令名!此书是一本望子成龙的书,而后来颜家子孙果然在操守与才学方面都有震惊世人的表现,光以唐朝而言,像注解《汉书》的颜师古,书法为世楷模、笼罩千年的颜真卿,凛然大节震烁千古、以身殉国的颜杲卿等人,都给人留下颜家不同凡响的深刻印象,更足以证明其祖所立家训之效用彰著。加上,颜家子孙于唐朝官运亨通不说,即使历宋、元两朝,仍入仕不断,尤令明、清两朝的人钦羡不已。以下摘录几则明、清以后对《家训》一书的推崇:

(1)鲍氏《知不足斋丛书》本《序》《跋》

"其中破疑遗惑,在《广雅》之右(按:《广雅》为传统中国极著声誉的字典);镜贤烛愚,出《世说》之左(按:《世说》指刘义庆的《世说新语》)。唯较量佛事一篇,穷理尽性也。"

"此书虽辞质义直,然皆本之孝悌,推以事君上,处朋友乡党之间,其归要不悖六经,而旁贯百氏。至辨析援证,咸有根据。自当启悟来世,不但可训思鲁、愍楚辈而已。"

（2）《四部丛刊》景明辽阳傅氏刊本《序》

"质而明，详而要，平而不诡。盖序致至终篇，罔不折中今古，会理道焉，是可范矣。"

（3）明万历颜嗣慎刊本《序》《跋》

"公（按：指颜之推）阅天下义理多，以此式谷诸子，后世学士大夫亟称述焉。"

"公当梁齐隋易代之际，身婴世难，间关南北，故幽思极意而作此篇，上称周鲁，下道近代，中述汉晋，以刺世事。其识赅，其辞微，其心危，其虑详，其称名小而其指大，举类迩而见义远。其心危，故其防患深；其虑详，故繁而不容自已。"

"国之本在家，人人亲其亲长其长而天下平。若是，则《家训》之作，又未始无益于国也。"

"自唐宋以来，世世刊行天下。"

"夫其言阃以内，原本忠义，章叙内则，是敦伦之矩也。其上下今古，综罗文艺，类辨而不华，是博物之规也。其论涉世大指，曲而不诎，廉而不刿，有大易老子之道焉，是保身之诠也。其摄南北风土，俊俗具陈，是考世之资也。统之，有关于世教，其粹者考诸圣人不缪，儒先之慕用其言，岂虚哉？"

（4）卢氏抱经堂刊本《序》《跋》

"若夫六经尚矣，而委曲近情，纤悉周备，立身之要，处世之宜，为学之方，盖莫善于是书。人有意于训俗型家者，又何庸舍是而叠床架屋为哉？"

(5)《关中丛书》第三集《序》

"之推博通古今,历经世变,知无才不足成名,肆才又不足保身,乃著《家训》二十篇,反复告诫,以贻子孙。固宜代有传人。"

(6)《杨树达读颜氏家训书·后序》

"颜黄门博学多通,浮沉南北,饫尝世味,广接名流。既以身丁荼蓼,思欲贻子孙,乃本见闻,条其法戒。言必有征,理无虚设,故能亲切有味,叠叠动人。"

附录六

颜之推的治学——佛学在颜氏思想中所占比重的重新探讨

一、前言

大抵,近人对于颜之推的研究,偏于其著作《颜氏家训》的考订与注释者多[1];对其本人的探究则较少,有之亦仅侧重其分类学术:如文学有罗根泽的《魏晋六朝文学批评史》其中的三节,以及郭绍虞的《中国文学批评史》其中的一节[2],考证之学有缪钺的《颜之推的文字、训诂、声韵校勘之学》[3],哲学有伍振鷟的《颜之推之人生哲学与教育思想》[4],但均未作全面性的观照以抽绎出其思想特点。而朝此方向努力的,浅的有日人宇都清吉的《颜之推研究》[5],深的有美人丁爱博的《颜之推——一位崇佛的儒

---

[1] 在这方面周法高曾做了集大成的工作,他的《颜氏家训汇注》列入史语所专刊四十一号,本文即据此而成。在周氏之前即有陈盘、周一良、王叔岷、李详、刘盼遂、杨树达、周祖谟等人从事这方面的研究。

[2] 罗书为商务印书馆出版,1969年8月收入《人人文库》,其论及颜之推处仅第十章《北朝的文学论》中的第三节"颜之推的地位及其兼采古今的文学论"(第122—123页)、第四节"文人轻薄的指摘"(第123—125页),及第五节"各体文学的缓急"(第125—126页)。郭书亦为商务版,该节见于上卷第四编第三章第二节"颜之推"(第170—173页)。

[3] 收在《读史存稿》内,第951—103页。

[4] 载于《师大研究所集刊》,卷二,1959年1月出版,第113—119页。

[5] 载于《中国古代中世史研究》,第十二章。

者》①一文，该文成绩虽相当可观，然不无可议之处。爰草此文以做进一步之研究。

丁爱博的研究，是从儒、佛两学的比重多少上着手的。我则从儒外各学包括佛学在内，与儒学之间的关系来考察；这么看，佛学的比重就不致过重了。唯本文所说的治学，乃依当时学术分类标准，逐一检视之推对于各种学问所抱持的态度，尤重其与政治有关者，而略其造诣之评估。

最后，得声明的是，本文仍是一篇无关宏旨的小研究而已。

二、治学

首先，我们得了解之推对于读书一事的看法。我们知道，治世之时是比较没有人怀疑读书的价值的；然当兵荒马乱了一段时期，而读书人犹自束手无策的时候，也就无怪乎有"百无一用是书生"的普遍性慨叹了，接着当然是读书的价值被否定了。在《家训》中记载一位"读书无用论者"的"客"，来找当"主人"的颜之推，针对此事加以辩论：

有客难主人曰："吾见强弩长戟，诛罪安民，以取公侯者有矣；文义习吏，匡时富国，以取卿相者，有矣；学备古今，才兼文武，身无禄位，妻子饥寒者，不可胜数。安足贵学乎？"主人对曰："夫命之穷达，犹金玉木石也；修以学艺，犹磨莹雕刻也。金玉之磨莹，自美其矿璞；木石之段块，自丑其雕刻。安可言木石

---

① 该文收在 Arthur F. Wright 编的 *Confucian Personalities*（Stunford 1962）一书中，第43—64页。该书中译本为《中国历史人物论集》（正中书局，1973年4月初版）。

颜氏家训：一位父亲的叮咛

之雕刻，乃胜金玉之矿璞哉？不得以有学之贫贱，比于无学之富贵也。且负甲为兵，咋笔为吏，身死名灭者如牛毛，角立杰出者如芝草；握素披黄吟道咏德，苦辛无益者如日蚀，逸乐名利者如秋荼。岂得同年而语矣？且又闻之：生而知之者上，学而知之者次。所以学者，欲其多知明达耳。必有天才，拔群出类，为将则暗与孙武、吴起同术，执政则悬得管仲、子产之教；虽未读书，吾亦谓之学矣。今子即不能然，不师古之踪迹，犹蒙被而卧耳。"①

可见颜之推承认读书并不能改善一人的命运，因为命运的好坏操之在天，而读书却是一个人所能把握的。读不读书与命之好坏本不能比较，至少仅能等量齐观，言下大有读书之重要性，超过命运的好坏之意。此外，他肯定乱世仍须读书的理由是：第一，世上好命者少，凡热衷富贵者，胜算不大；读书则适好相反。第二，读书可以吸收前人经验以补天赋之不足。

之推在治学上，是主张从广博入手的。他说："夫学者，贵能博闻也，郡国山川，官位姓族，衣服饮食，器皿制度，皆欲根寻，得其原本。"②就因为他所学太过驳杂，有类于《汉书·艺文志·杂家》"漫羡而无所归心"的定义，更因为《家训》恰好有一《归心篇》，因此有人列之推于杂家之列。③而之推亦认为，学除经、史、文章、书法之外，其余像卜筮、医药、音乐、弓矢、天文、画绘、棋

---

① 见《颜氏家训汇注》（以下均简称《家训·勉学》篇，第34B—35A页。
② 见《家训·勉学》篇，第49B页。
③ 见《家训·归心》篇，第83A页，周法高说："之推盖自命为杂家。然则清《四库书目》从儒家迁《家训》于杂家，名为退抑，实深知之。（以上欧阳溥存中国文学史纲说）"

博、鲜卑语等学均为"异端"。①这点倒不失儒家本色。

若依之推入佛学于内教之说②，则相对于内教者当为外教了。问题是是否所有的"佛外之学"均属外教之范畴，之推并未明言，但儒学为当时外教倒是不成问题。③当时又有所谓"文、史、玄、儒"四科之设，④那么，儒学以外的文、史、玄学，以及道家之学（之推称为神仙之学）是否也是外教呢？之推也未明言。就现存的数据而论，实看不出内、外两教的关系，是内教为外教的最高指导原则的，可能彼此只维持着"河水不犯井水"的互不相涉的关系，也说不定。

以下我们就依次逐一考查佛、儒、史、文、玄、道各学，以明之推对各学所抱的态度。

之推认为不论佛教或儒学均有其教化社会之功能，他尝试将儒家的五大德行——仁、义、礼、智、信——比配佛教的五种禁

---

① 见《家训·省事》篇，第72—73A页："近世有两人，朗悟士也。性多营综，略无成名。经不足以待问，史不足以讨论，文章无可传于集录，书迹未堪以留爱玩；卜筮射六得三，医药治十差五；音乐在数十人下，弓矢在千百人中。天文、画绘、棋博、鲜卑语，煎胡桃油，炼锡为银，如此之类，略得梗概，皆不通熟。惜乎！以彼神明，若省其异端，当精妙也。"

② 见《家训·归心》篇，第83A—B页说："原夫四尘五荫，剖析形有；六舟三驾，运载群生。万行归空，千门入善。辨才智惠，岂徒七经百氏之博哉？明非尧舜周公所及也。内外两教，本为一体；渐极为异，深浅不同。"又，见《家训·养生》篇，第81A页说："考之内教，纵使得仙，终当有死，不能出世；不愿汝曹专精于此。"在"考之内教"语下，《汇注》引劳干曰："内教、佛教也。"又，见《家训·归心》篇，第88A页说："内教多途，出家自是其一法耳。"

③ 同②。

④ 见《家训·勉学》篇，第39B页，《汇注》引吴承仕曰："魏晋以来，清谈始兴，故多以玄儒相对。齐梁间又分文、史、玄、儒四科。是专以目经者为儒也。"又，见《南齐书》卷十六，志八，第315页，载："太始六年，以国学废，初置总明观，玄、儒、文、史四科。"（国史研究室版）

颜氏家训：一位父亲的叮咛

限。他说：

> 内典初门，设五种禁；外典仁义礼智信，皆与之符。仁者，不杀之禁也；义者，不盗之禁也；礼者，不邪之禁也；智者，不酒之禁也；信者，不妄之禁也。①

此外，之推似乎觉得儒释之不同点，在于两者研究对象之有别。儒家研究的是"人事寻常"，释家是"宇宙之外"。换言之，前者专究耳目所及之处，后者游心耳目不及之境。②

尤有甚者，之推认为释较儒为博。他说：

> 原夫四尘五荫，剖析形有；六舟三驾，运载群生。万行归空，千门入善。辩才智惠，岂徒七经、百氏之博哉？明非尧、舜、周、孔所及也。③

---

① 见《家训·归心》篇，第83B页。
② 见《家训·归心》篇，第84A—85B页说："夫遥大之物，宁可度量？今人所知，莫若天地。天为积气，地为积块，日为阳精，月为阴精，星为万物之精，儒家所安也。星有坠落，乃为石矣。精若是石，不得有光；性又质重，何所系属？一星之径，大者百里；一宿首尾，相去数万。百里之物，数万相连，阔狭以斜，常不盈缩。又星与日月，形色同尔；但以大小，为其等差。然而日月又当石也？石既牢密，乌兔焉容？石在气中，岂能独运？日月星辰，若皆是气，气体轻浮，当与天合，往来环转，不得错违；其间迟疾，理宜一等。何故日月五星二十八宿，各有度数，移动不均？宁当气坠，忽变为石？地既淬浊，法应沈厚，凿土得泉，乃浮水上。积水之下，复有何物？江河百谷，从何处生？东流到海，何为不溢？归塘尾闾，渫何所到？沃焦之石，何气然然？潮汐去还，谁所节度？天汉悬指，那不散落？水性就下，何故上腾？天地初开，便有星宿，九州未划，列国未分，颠疆区野，若为躔次？封建已来，谁所制割？国有增减，星无进退，灾祥祸福，就中不差。干象之大，列星之伙，何为分野，止系中国？昴为旄头，匈奴之次；西胡、东越，雕题、交趾，独弃之乎？以此而来，迄无了者。岂得以人事寻常，抑必宇宙之外也？"
③ 见《家训·归心》篇，第83A—B页说："原夫四尘五荫，剖析形有；六舟三驾，运载群生。万行归空，千门入善。辩才智惠，岂徒七经、百氏之博哉？明非尧、舜、周、孔所及也。内外两教，本为一体；渐积为异，深浅不同。"又，见《家训·养生》篇，第81A页说："考之内教，纵使得仙，终当有死，不能出世；不愿汝曹专精于此。"在"考之内教"语下，《汇注》引劳干曰："内教，佛教也。"又，见《家训·归心》篇，第88A页说："内教多途，出家自是其一法耳。"

儒学不但在广度与深度方面均不如佛学,即连现实世界的改善似乎也得假手佛教的推广。之推说:

若能偕化黔首,悉入道场,如妙乐之世,禳佉之国,则有自然稻米,无尽宝藏……①

之推如此不惜与名教为敌,似乎认定儒学已一无是处。其实不然。消极的,他仍未忽略儒学可以增进个人德行的原始功能。②积极的,他也深信"通经"是可以"致用"的,以为读经只是手段,目的则是经世济民,而时人却为读经而读经,错把手段当目的。之推很赞扬汉时贤俊,"皆以一经弘圣人之道。上明天时,下该人事,用此致卿相者多矣"③。不像时人"空守章句,但诵师言,施之世务,殆无一可"④。足见他似乎一方面怀疑后人的章句之学有解经的可能;一方面确认唯有直接面对经文,才是"通经致用"的不二法门。他将那些不通经书的人目为"田里闲人";笑他们不是"问一言辄酬数百"⑤,就是"'仲尼居'即须两纸疏义"⑥,丝毫不晓得在通经过程上如何"简约"的道理。他个人读经的方式似乎上承郑玄以来"经学简化运动"⑦的一脉,把握经文的"指归"所在,然后加以"会要"。因此,他很赞成许慎的想法——只要确实掌握每一汉字真正的原始意义,即不难通透经

---

① 见《家训·归心》篇,第88B页。
② 见《家训·勉学》篇,第40B页说:"夫圣人之书,所以设教,但明练经文,粗通注义,常使言行有得,亦足为人。"
③ 见《家训·勉学》篇,第39A页。
④ 同③。
⑤ 见《家训·勉学》篇,第40B页。
⑥ 同⑤。
⑦ 此语袭自余英时《汉晋之际士之新自觉与新思潮》第87页上。

义。他基于这种信念而与人合编了本《切韵》①的字典。同时，他信心十足地训诫他的子孙道：

光阴可惜，譬诸逝水，当博览机要，以济功业，必能兼美，吾无间焉。②

问题是读经后"博览机要"的结果，真能"以济功业"吗？也许他也感觉到此中必然的关联性不太大，因而转向重视史书。他这种想法也深入他子孙心灵深处，之推的孙子颜师古——有着重史的名字——即写了部很著名的《汉书注》。

在颜之推心目中，就经学的实用性而言，似乎"治国"层次在"齐家"层次之下。在他《家训》一书二十篇中，教子、兄弟、后娶、风操四篇都着重在人伦日用中人际关系如何和谐的讲述。但他并未忽略一个士大夫应负起经国济民的职责——他所谓的"应世经务"③。他以为"士君子之处世，贵能有益于物耳"④，只是必须在保命的条件下讲求。如此积极的意义少，消极的意义多。此与孔子所说"士当见危授命，临大节不可夺也"的在政治上力求积极参与，即使殒命亦在所不惜的行为标准，直不可同日而语。既然他不合原始儒家在政治上积极参与的要求，他乃转而向史书寻求已调整过的儒家行为的印证，果然史书在这方面颇能满足他，这或许就是他重视史书的主要潜在因素。

在前面我们说过之推治学主博，意即他不是"经外无学"的服膺者，在此意义上，可见他承认其他书籍与经书有同等的价

---

① 见陈寅恪《从史实论切韵》，《岭南学报》九卷，二期（1949），第1—18页。
② 见《家训·勉学》篇，第40B页。
③ 见《家训·涉务》篇，第70B页。
④ 见《家训·涉务》篇，第70A页。

值。他尤其重视史书，他以为读书的目的是"欲开心明目，利于行耳"。[①]接着一一举了古人在养亲、事君、去骄奢、去鄙吝、去暴悍、去怯懦等方面的六个例子，以说明之。像这些例子都只有求诸读史一途，可见历史是行为楷模的储存所。史书既然具有极丰富的前人经验，比起经学来，是比较能增长办事能力的。

之推分官吏为六类，其中第二类为"文史之臣"，其长处是"著述宪章，不忘前古"[②]。可见，史与文是一体之两面，史可使人"不忘前古"；而从"不忘前古"所培养的史识，必须赖"文"才可"著述宪章"。

然而，之推极看不起"无济于事"的纯文之士。他批评道：

吾见世中文学之士，品藻古今，若指诸掌。及有试用，多无所堪。居承平之世，不知有丧乱之祸；处庙堂之下，不知有战阵之急；保俸禄之资，不知有耕稼之苦；肆吏民之上，不知有劳役之勤；故难可以应世经务也。[③]

又说：

吟啸谈谑，讽咏辞赋。事既优闲，材增迂诞。军国经纶，略无施用。故为武人俗吏所共嗤诋，良由是乎！[④]

这两段话指摘文人的理由是一样的。此外，他纵览古今文人之余，深感文人"多陷轻薄"[⑤]不值为取。

对于玄学，之推自称"性既顽鲁，亦所不好云"[⑥]。除了不喜

---

① 见《家训·勉学》篇，第37A页。
② 见《家训·涉务》篇，第70A页。
③ 见《家训·涉务》篇，第70B页。
④ 见《家训·勉学》篇，第38A页。
⑤ 见《家训·文章》篇，第53B—56A页，文长从略。
⑥ 见《家训·勉学》篇，第43B页。

颜氏家训：一位父亲的叮咛

欢外，他对玄学亦有所不好之批评，他的批评有以下三个要点：

第一，本身学术并无进步之迹象，只是一味地炒冷饭。①

第二，玄学家均违背老庄书"全真养性，不肯以物累己"的宗旨，甚者蒙祸取辱。②

第三，玄学非"济世成俗"之学。③

从上述三点看来，我们最是不能忽略第三点，似乎我们可以这么推论：之推心目中的学问是不能摆脱现实社会而独立存在的。

之推对于道教的态度，是采取有所选择的接受：

神仙之事，未可全诬。但性命在天，或难钟值。人生居世，触途牵絷。幼少之日，既有供养之勤；成立之年，便增妻孥之累。衣食资须，公私驱役，而望遁迹山林，超然尘滓，千万不遇，一尔。加以金玉之费，炉器所须，益非贫士所办。学如牛毛，成如麟角；华山之下，白骨如莽。何有可遂之理，考之内教，纵使得仙，终当有死，不能出世；不愿汝曹专精于此。④

这段话有以下四个要点：

---

① 见《家训·序致》篇，第1A页说："魏晋以来，所著诸子，理重事复，递相模学，犹屋下架屋，床上施床耳。"

② 见《家训·勉学》篇，第41B—43B页说："夫老、庄之书，盖全真养性，不肯以物累己也。故藏名柱史，终蹈流沙；匿迹漆园，卒辞楚相。此任纵之徒耳。何晏、王弼，祖述玄宗，递相夸尚，景附草靡。皆以农、黄之化，在乎己身；周、孔之业，弃之度外。而平叔以党曹爽见诛，触死权之网也；辅嗣以多笑人被疾，陷好胜之阱也。山巨源以蓄积取讥，背多藏厚亡之文也；夏侯玄以才望被戮，无支离拥肿之鉴也。荀奉倩丧妻，神伤而卒，非鼓缶之情也；五夷甫悼子，悲不自胜，异东门之达也。嵇叔夜排俗取祸，岂和光同尘之流也？郭子玄以倾动专势，宁后身外己之风也？阮嗣宗沈酒荒迷，乖畏途相诫之譬也；谢幼舆赃贿黜削，违弃其余鱼之旨也。彼诸人者，并其领袖，玄宗所归。其余桎梏尘滓之中，颠仆名利之下者，岂可备言乎，直取其清谈雅论，剖玄析微，宾主往复，娱心悦耳，非济世成俗之要也。"

③ 同②。

④ 见《家训·养生篇》，第80B—81A页。

第一，人有各种责任必须承担，不能因学道而有所逃避。这点倒是纯儒家观点。

第二，道家修炼所需的用具，非普通穷人家所能悉备。这点是经济的理由。

第三，道家之学很难有成，这是实情。

第四，即使成仙，"终当有死，不能出世"。这点纯以佛教立论。

而他所接受的只是道教的一些养生之道，他说：

若其爱养神明，调护气息，慎节起卧，均适寒暄，禁忌食饮，将饵药物，遂其所禀，不为夭折者，吾无间然。①

三、结论

综上所述，得知：

第一，他是一位儒者——一位不专于经学的儒者。此不独可从前述所论得知，更可由他对崔浩等人的如此推崇看出："此四儒者，虽好经术，亦以才博擅名。如此诸贤，故为上品。"②

第二，在理论上，之推同意史学与佛学皆与儒学一样，有修己和治人双重功能；但在实际运作上，他重视史、佛二学在修己方面的功能，只是在某种情况或程度上，佛学在治人方面不无可以借重之处。

第三，他虽生长在儒学极为锢敝的时代，却有重振儒学声威意图，甚至他将时代的困顿委诸儒学的不振，这点可从前述他将汉

---

① 见《家训·养生篇》，第81A页。
② 见《家训·勉学篇》，第40A—B页。

代之强盛与儒者之通经致仕所作的极密切的关联上,透露出此中重大消息。

第四,他认为学问存在之价值,决定于能否"济世成俗"。这可解释他为何一不喜玄学,二轻蔑纯文之士,三有保留地接受道教的大部分原因。

第五,他以一位儒者的立场,在借重佛、史二学方面,有着程度大小不等的矛盾存在。这因为,颜之推是一位横跨"大分裂时代"与"大一统时代"转型期中的过渡人物;一方面他对前一时代所予他的种种政治黑暗和文化挫折,余悸犹存,一方面又对后一时代的来临,在冷漠、麻木的背后怀抱一丝新希望。除此之外,我想不出有其他更好的理由,以处理他在治学上的一些矛盾。

最后,如果说《家训》能流传至今的重要因素之一,是颜之推道出广泛的时代心声,从而激起长久的共鸣的话,那么,对于颜之推个人思想的掌握,就显得有非凡的意思。

附录七

原典精选

序致第一

夫圣贤之书，教人诚孝，慎言检迹，立身扬名，亦已备矣。魏、晋已来，所著诸子，理重事复，递相模效，犹屋下架屋，床上施床耳。吾今所以复为此者，非敢轨物范世也，业以整齐门内，提撕子孙。夫同言而信，信其所亲；同命而行，行其所服。禁童子之暴谑，则师友之诫、不如傅婢之指挥，止凡人之斗阋，则尧、舜之道，不如寡妻之诲谕。吾望此书为汝曹之所信，犹贤于傅婢寡妻耳。

吾家风教，素为整密。昔在龆龀，便蒙诱诲。每从两兄，晓夕温清，规行矩步，安辞定色，锵锵翼翼，若朝严君焉。赐以优言，问所好尚，励短引长，莫不恳笃。年始九岁，便丁荼蓼，家涂离散，白口索然。慈兄鞠养，苦辛备至；有仁无威，导示不切。虽读《礼》《传》，微爱属文，颇为凡人之所陶染，肆欲轻言，不修边幅。年十八九，少知砥砺，习若自然，卒难洗荡。二十已后，大过稀焉；每常心共口敌，性与情竞，夜觉晓非，今悔昨失，自怜无教，以至于斯。追思平昔之指，铭肌镂骨，非徒古书之诫，经目过耳也。故留此二十篇，以为汝曹后车耳。

教子第二

上智不教而成，下愚虽教无益，中庸之人，不教不知也。古者，圣王有胎教之法：怀子三月，出居别宫，目不邪视，耳不妄听，音声滋味，以礼节之。书之玉版，藏诸金匮。生子咳提，师保固明孝仁礼义，导习之矣。凡庶纵不能尔，当及婴稚，识人颜色，知人喜怒，便加教诲，使为则为，使止则止。比及数岁，可省笞罚。父母威严而有慈，则子女畏慎而生孝矣。吾见世间，无教而有爱，每不能然；饮食运为，恣其所欲，宜诫翻奖，应诃反笑，至有识知，谓法当尔。骄慢已习，方复制之，捶挞至死而无威，忿怒日隆而增怨，逮于成长，终为败德。孔子云"少成若天性，习惯如自然"是也。俗谚曰："教妇初来，教儿婴孩。"诚哉斯语！

凡人不能教子女者，亦非欲陷其罪恶；但重于诃怒。伤其颜色，不忍楚挞惨其肌肤耳。当以疾病为谕，安得不用汤药针艾救之哉？又宜思勤督训者，可愿苛虐于骨肉乎？诚不得已也。

王大司马母魏夫人，性甚严正；王在湓城时，为三千人将，年逾四十，少不如意，犹捶挞之，故能成其勋业。梁元帝时，有一学士，聪敏有才，为父所宠，失于教义；一言之是，遍于行路，终年誉之；一行之非，掩藏文饰，冀其自改。年登婚宦，暴慢日滋，竟以言语不择，为周逖抽肠衅鼓云。

父子之严，不可以狎；骨肉之爱，不可以简。简则慈孝不接，狎则怠慢生焉。由命士以上，父子异宫，此不狎之道也；抑搔痒痛，悬衾箧枕，此不简之教也。或问曰："陈亢喜闻君子之远其子，何谓也？"对曰："有是也。盖君子之不亲教其子也，《诗》有讽刺之辞，《礼》有嫌疑之诫，《书》有悖乱之事，《春秋》有邪僻之讥，《易》有备物之象；皆非父子之可通言，故不亲授耳。"

齐武成帝子琅邪王，太子母弟也。生而聪慧，帝及后并笃爱之，衣服饮食，与东宫相准。帝每面称之曰："此黠儿也，当有所成。"及太子即位，王居别宫，礼数优僭，不与诸王等；太后犹谓不足，常以为言。年十许岁，骄恣无节，器服玩好，必拟乘舆；尝朝南殿，见典御进新冰，钩盾献早李，还索不得，遂大怒，诟曰："至尊已有，我何意无？"不知分齐，率皆如此。识者多有叔段、州吁之讥。后嫌宰相，遂矫诏斩之，又惧有救，乃勒麾下军士，防守殿门；既无反心，受劳而罢，后竟坐此幽薨。

人之爱子，罕亦能均；自古及今，此弊多矣。贤俊者自可赏爱，顽鲁者亦当矜怜，有偏宠者，虽欲以厚之，更所以祸之。共叔之死，母实为之。赵王之戮，父实使之。刘表之倾宗覆族，袁绍之地裂兵亡，可为灵龟明鉴也。

齐朝有一士大夫，尝谓吾曰："我有一儿，年已十七，颇晓书疏，教其鲜卑语及弹琵琶，稍欲通解，以此伏事公卿，无不宠爱，亦要事也。"吾时俛而不答。异哉，此人之教子也！若由此业，自致卿相，亦不愿汝曹为之。

兄弟第三

夫有人民而后有夫妇，有夫妇而后有父子，有父子而后有兄弟；一家之亲，此三而已矣。自兹以往，至于九族，皆本于三亲焉，故于人伦为重者也，不可不笃。兄弟者，分形连气之人也。方其幼也，父母左提右挈，前襟后裾，食则同案，衣则传服，学则连业，游则共方，虽有悖乱之人，不能不相爱也。及其壮也，各妻其妻，各子其子，虽有笃厚之人，不能不少衰也。娣姒之比兄弟，则疏薄矣；今使疏薄之人，而节量亲厚之恩，犹方底而圆盖，必不合矣。惟友悌深至，不为旁人之所移者，免夫！

二亲既殁，兄弟相顾，当如形之与影，声之与响；爱先人之遗体，惜己身之分气，非兄弟何念哉？兄弟之际，异于他人，望深则易怨，地亲则易弭。譬犹居室，一穴则塞之，一隙则涂之，则无颓毁之虑；如雀鼠之不恤，风雨之不防，壁陷楹沦，无可救矣。仆妾之为雀鼠，妻子之为风雨，甚哉！

兄弟不睦，则子侄不爱；子侄不爱，则群从疏薄；群从疏薄，则僮仆为仇敌矣。如此，则行路皆踏其面而蹈其心。谁救之哉？人或交天下之士，皆有欢爱，而失敬于兄者，何其能多而不能少也！人或将数万之师，得其死力，而失恩于弟者，何其能疏而不能亲也！

娣姒者，多争之地也，使骨肉居之，亦不若各归四海，感霜露而相思，佇日月之相望也。况以行路之人，处多争之地，能无间者，鲜矣。所以然者，以其当公务而执私情，处重责而怀薄义也；若能恕己而行，换子而抚，则此患不生矣。

人之事兄，不可同于事父，何怨爱弟不及爱子乎？是反照而不明也。

沛国刘琎，尝与兄瓛连栋隔壁，瓛呼之数声不应，良久方答；瓛怪问之，乃曰："向来未着衣帽故也。"以此事兄，可以免矣。

江陵王玄绍，弟孝英、子敏兄弟三人，特相爱友。所得甘旨新异，非共聚食，必不先尝，孜孜色貌，相见如不足者。及西台陷没，玄绍以形体魁梧，为兵所围；二弟争共抱持，各求代死，终不得解，遂并命尔。

后娶第四

吉甫,贤父也;伯奇,孝子也。以贤父御孝子,合得终于天性,而后妻间之,伯奇遂放。曾参妇死,谓其子曰:"吾不及吉甫,汝不及伯奇。"王骏丧妻,亦谓人曰:"我不及曾参,子不如华、元。"并终身不娶,此等足以为诫。其后,假继惨虐孤遗,离间骨肉,伤心断肠者,何可胜数。慎之哉!慎之哉!

江左不讳庶孽,丧室之后,多以妾媵终家事;疥癣蚊虻,或未能免,限以大分,故稀斗阋之耻。河北鄙于侧出,不预人流,是以必须重娶,至于三四。母年有少于子者。后母之弟,与前妇之兄,衣服饮食,爱及婚宦,至于士庶贵贱之隔,俗以为常。身没之后,辞讼盈公门,谤辱彰道路,子诬母为妾,弟黜兄为佣,播扬先人之辞迹,暴露祖考之长短,以求直己者,往往而有。悲夫!自古奸臣佞妾,以一言陷人者众矣!况夫妇之义,晓夕移之,婢仆求容,助相说引,积年累月,安有孝子乎?此不可不畏。

凡庸之性,后夫多宠前夫之孤,后妻必虐前妻之子;非唯妇人怀嫉妒之情,丈夫有沈惑之僻,亦事势使之然也。前夫之孤,不敢与我子争家,提携鞠养,积习生爱,故宠之;前妻之子,每居己生之上,宦学婚嫁,莫不为防焉,故虐之。异姓宠则父母被怨,继亲虐则兄弟为仇,家有此者,皆门户之祸也。

思鲁等从舅殷外臣,博达之士也。有子基、谌,皆已成立,而再娶王氏。基每拜见后母,感慕呜咽,不能自持,家人莫忍仰视。王亦凄怆,不知所容,旬月求退,便以礼遣,此亦悔事也。

《后汉书》曰:"安帝时,汝南薛包孟尝,好学笃行,丧母,以至孝闻。及父娶后妻而憎包,分出之。包日夜号泣,不能去,至被殴杖。不得已,庐于舍外,旦入而洒埽。父怒,又逐之，乃庐于里门，昏晨不废。积岁余，父母惭而还之。后行六年服，丧过乎哀。既而弟子求分财异居，包不能止，乃中分其财；奴婢引其老者，曰：'与我共事久，若不能使也。'田庐取其荒顿者，曰：'吾少时所理，意所恋也。'器物取其朽败者，曰：'我素所服食，身口所安也。'弟子数破其产，还复赈给。建光中，公车特征，至拜侍中。包性恬虚，称疾不起，以死自乞。有诏赐告归也。"

治家第五

夫风化者，自上而行于下者也，自先而施于后者也。是以父不慈则子不孝，兄不友则弟不恭，夫不义则妇不顺矣。父慈而子逆，兄友而弟傲，夫义而妇陵，则天之凶民，乃刑戮之所摄，非训导之所移也。

笞怒废于家，则竖子之过立见。刑罚不中，则民无所措手足。治家之宽猛，亦犹国焉。

孔子曰："奢则不孙，俭则固；与其不孙也，宁固。"又云："如有周公之才之美，使骄且吝，其余不足观也已。"然则可俭而不可吝已。俭者，省约为礼之谓也；吝者，穷急不恤之谓也。今有施则奢，俭则吝；如能施而不奢，俭而不吝，可矣。

生民之本，要当稼穑而食，桑麻以衣。蔬果之蓄，园场之所产；鸡豚之善，埘圈之所生。爰及栋宇器械，樵苏脂烛，莫非种殖之物也。至能守其业者，闭门而为生之具以足，但家无盐井耳。今北土风俗，率能躬俭节用，以赡衣食，江南奢侈，多不逮焉。

梁孝元世，有中书舍人，治家失度，而过严刻，妻妾遂共货刺客，伺醉而杀之。

附录

世间名士，但务宽仁；至于饮食饷馈，僮仆减损，施惠然诺，妻子节量，狎侮宾客，侵耗乡党：此亦为家之巨蠹矣。

齐吏部侍郎房文烈，未尝嗔怒，经霖雨绝粮，遣婢籴米，因尔逃窜，三四许日，方复擒之。房徐曰："举家无食，汝何处来？"竟无捶挞。尝寄人宅，奴婢彻屋为薪略尽，闻之颦蹙，卒无一言。

裴子野有疏亲故属饥寒不能自济者，皆收养之；家素清贫，时逢水旱，二石米为薄粥，仅得遍焉。躬自同之，常无厌色。邺下有一领军，贪积已甚，家童八百，誓满一千；朝夕每人肴膳，以十五钱为率，遇有客旅，更无以兼。后坐事伏法，籍其家产，麻鞋一屋，弊衣数库，其余财宝，不可胜言。南阳有人，为生奥博，性殊俭吝，冬至后女婿谒之，乃设一铜瓯酒，数脔獐肉；婿恨其单率，一举尽之。主人愕然，俛仰命益，如此者再；退而责其女曰："某郎好酒，故汝常贫。"及其死后，诸子争财，兄遂杀弟。

妇主中馈，惟事酒食衣服之礼耳，国不可使预政，家不可使干蛊；如有聪明才智，识达古今，正当辅佐君子，助其不足，必无牝鸡晨鸣，以致祸也。

江东妇女，略无交游，其婚姻之家，或十数年间未相识者，惟以信命赠遗，致殷勤焉。邺下风俗，专以妇持门户，争讼曲直，造请逢迎，车乘填街衢，绮罗盈府寺，代子求官，为夫诉屈。此乃恒、代之遗风乎？南间贫素，皆事外饰，车乘衣服，必贵齐整；家人妻子，不免饥寒。河北人事，多由内政。绮罗金翠，不可废阙，羸马悴奴，仅充而已；倡和之礼，或尔汝之。

河北妇人，织纴组紃之事，黼黻锦绣罗绮之工，大优于江东也。

太公曰："养女太多,一费也。"陈蕃云："盗不过五女之门。"女之为累,亦以深矣。然天生蒸民,先人传体,其如之何?世人多不举女,贼行骨肉,岂当如此,而望福于天乎?吾有疏亲,家饶妓媵,诞育将及,便遣阉坚守之。体有不安,窥窗倚户,若生女者,辄持将去;母随号泣,使人不忍闻也。

妇人之性,率宠子婿而虐儿妇。宠婿,则兄弟之怨生焉;虐妇,则姊妹之谗行焉。然则女之行留,皆得罪于其家者,母实为之。至有谚云:"落索阿姑餐。"此其相报也。家之常弊,可不诫哉!婚姻素对,靖侯成规。近世嫁娶,遂有卖女纳财,买妇输绢,比量父祖,计较锱铢,责多还少,市井无异。或猥婿在门,或傲妇擅室,贪荣求利,反招羞耻,可不慎欤!

借人典籍,皆须爱护,先有缺坏,就为补治,此亦士大夫百行之一也。济阳江禄,读书未竟,虽有急速,必待卷束整齐,然后得起,故无损败,人不厌其求假焉。或有狼籍几案,分散部帙,多为童幼婢妾之所点污,风雨虫鼠之所毁伤,实为累德。吾每读圣人之书,未尝不肃敬对之;其故纸有五经词义,及贤达姓名,不敢秽用也。

吾家巫觋祷请,绝于言议;符书章醮亦无祈焉。并汝曹所见也,勿为妖妄之费。

慕贤第七

古人云:"千载一圣,犹旦暮也;五百年一贤,犹比髀也。"言圣贤之难得,疏阔如此。倘遭不世明达君子,安可不攀附景仰之乎?吾生于乱世,长于戎马,流离播越,闻见已多;所值名贤，未尝不心醉魂迷向慕之也。人在年少，神情未定，所与款狎，熏渍陶染，言笑举动，无心于学，潜移暗化，自然似之；何况操履艺能，较明易习者也？是以与善人居，如入芝兰之室，久而自芳也；与恶人居，如入鲍鱼之肆，久而自臭也。墨子悲于染丝，是之谓矣。君子必慎交游焉。孔子曰："无友不如己者。"颜、闵之徒，何可世得！但优于我，便足贵之。

世人多蔽，贵耳贱目，重遥轻近。少长周旋，如有贤哲，每相狎侮，不加礼敬；他乡异县，微藉风声，延颈企踵，甚于饥渴。校其长短，核其精粗，或彼不能如此矣。所以鲁人谓孔子为东家丘。昔虞国宫之奇，少长于君，君狎之，不纳其谏，以至亡国，不可不留心也。

用其言，弃其身，古人所耻。凡有一言一行，取于人者，皆显称之，不可窃人之美，以为己力；虽轻虽贱者，必归功焉。窃人之财，刑辟之所处；窃人之美，鬼神之所责。

梁孝元前在荆州，有丁觇者，洪亭民耳。颇善属文，殊工草隶；孝元书记，一皆使之。军府轻贱，多未之重，耻令子弟，以为楷法，时云："丁君十纸，不敌王褒数字。"吾雅爱其手迹，常所宝持。孝元尝遣典签惠编送文章示萧祭酒。祭酒问云："君王比赐书翰，及写诗笔，殊为佳手，姓名为谁？那得都无声问？"编以实答。子云叹曰："此人后生无比，遂不为世所称，亦是奇事。"于是闻者少复刮目。稍仕至尚书仪曹郎，末为晋安王侍读，随王东下。及西台陷殁，简牍湮散，丁亦寻卒于扬州；前所轻者，后思一纸，不可得矣。

侯景初入建业，台门虽闭，公私草扰，各不自全。太子左卫率羊侃坐东掖门，部分经略，一宿皆办，遂得百余日抗拒凶逆。于时，城内四万许人，王公朝士，不下一百，便是恃侣一人安之，其相去如此。古人云："巢父、许由，让于天下，市道小人，争一钱之利。"亦已悬矣。

齐文宣帝即位数年，便沈湎纵恣，略无纲纪；尚能委政尚书令杨遵彦，内外清谧，朝野晏如，各得其所，物无异议，终天保之朝。遵彦后为孝昭所戮，刑政于是衰矣。斛律明月齐朝折冲之臣，无罪被诛，将士解体，周人始有吞齐之志，关中至今誉之。此人用兵，岂止万夫之望而已也！国之存亡，系其生死。

张延隽之为晋州行台左丞，匡维主将，镇抚疆场，储积器用，爱活黎民，隐若敌国矣。群小不得行志，同力迁之。既代之后，公私扰乱，周师一举，此镇先平。齐亡之迹，启于是矣。

勉学第八

自古明王圣帝，犹须勤学，况凡庶乎！此事篇于经史，吾亦不能郑重，聊举近世切要，以启寤汝耳。士大夫子弟，数岁已上，莫不被教，多者或至《礼》《传》，少者不失《诗》《论》。及至冠婚，体性稍定；因此天机，倍须训诱。有志尚者，遂能磨砺，以就素业；无履立者，自兹堕慢，便为凡人。人生在世，会当有业：农民则计量耕稼，商贾则讨论货贿，工巧则致精器用，伎艺则沈思法术，武夫则惯习弓马，文士则讲议经书。多见士大夫耻涉农商，羞务工伎，射则不能穿札，笔则才记姓名，饱食醉酒，忽忽无事，以此销日，以此终年。或因家世余绪，得一阶半级，便自为足，全忘修学；及有吉凶大事，议论得失，蒙然张口，如坐云雾；公私宴集，谈古赋诗，塞默低头，欠伸而已。有识旁观，代其入地。何惜数年勤学，长受一生愧辱哉！

梁朝全盛之时，贵游子弟，多无学术，至于谚云："上车不落则著作，体中何如则秘书。"无不熏衣剃面，傅粉施朱，驾长檐车，跟高齿屐，坐棋子方褥，凭斑丝隐囊，列器玩于左右，从容出入，望若神仙。明经求第，则顾人答策；三九公䜩，则假手赋诗。当尔之时，亦快士也。及离乱之后，朝市迁革，铨衡选举，非复曩者之亲；当路秉权，不见昔时之党。求诸身而无所得，施之世而无所用。被褐而丧珠，失皮而露质。兀若枯木，泊若穷流，鹿独戎马之间，转死沟壑之际。当尔之时，诚驽材也。有学艺者，触地而安。自荒乱已来，诸见俘虏。虽百世小人，知读《论语》《孝经》者，尚为人师，虽千载冠冕，不晓书记者，莫不耕田养马。以此观之，安可不自勉耶？若能常保数百卷书，千载终不为小人也。

夫明六经之指，涉百家之书，纵不能增益德行，敦厉风俗，犹为一艺，得以自资。父兄不可常依，乡国不可常保。一旦流离，无人庇荫，当自求诸身耳。谚曰："积财千万，不如薄伎在身。"伎之易习而可贵者，无过读书也。世人不问愚智，皆欲识人之多，见事之广，而不肯读书，是犹求饱而懒营馔，欲暖而惰裁衣也。夫读书之人，自羲农已来，宇宙之下，凡识几人，凡见几事，生民之成败好恶，固不足论，天地所不能藏，鬼神所不能隐也。

有客难主人曰："吾见强弩长戟，诛罪安民，以取公侯者有矣；文义习吏，匡时富国，以取卿相者有矣；学备古今，才兼文武，身无禄位，妻子饥寒者，不可胜数，安足贵学乎？"主人对曰："夫命之穷达，犹金玉木石也；修以学艺，犹磨莹雕刻也。金玉之磨莹，自美其矿璞，木石之段块，自丑其雕刻；安可言木石之雕刻，乃胜金玉之矿璞哉？不得以有学之贫贱，比于无学之富贵也。且负甲为兵，咋笔为吏，身死名灭者如牛毛，角立杰出者如芝草；握素披黄，吟道咏德，苦辛无益者如日蚀，逸乐名利者如秋荼。岂得同年而语矣。且又闻之：生而知之者上，学而知之者次。所以学者，欲其多知明达耳。必有天才，拔群出类，为将则暗与孙武、吴起同术，执政则悬得管仲、子产之教，虽未读书，吾亦谓之学矣。今子即不能然，不师古之踪迹，犹蒙被而卧耳。"

人见邻里亲戚有佳快者，使子弟慕而学之，不知使学古人，何其蔽也哉？世人但知跨马被甲，长稍强弓，便云我能为将；不知明乎天道。辨乎地利，比量逆顺，鉴达兴亡之妙也。但知承上接下，积财聚谷，便云我能为相；不知敬鬼事神，移风易俗，调节阴阳，荐举贤圣之至也。但知私财不入，公事夙办，便云我能治民；不知诚己刑物，执辔如组，反风灭火，化鸱为凤之术也。但知抱令守律，早刑时舍，便云我能平狱；不知同辕观罪，分剑追财，假言而奸露，不问而情得之察也。爰及农商工贾，厮役奴隶，钓鱼屠肉，饭牛牧羊，皆有先达，可为师表，博学求之，无不利于事也。

夫所以读书学问，本欲开心明目，利于行耳。未知养亲者，欲其观古人之先意承颜，怡声下气，不惮劬劳，以致甘腴。惕然惭惧，起而行之也。未知事君者，欲其观古人之守职无侵，见危授命，不忘诚谏，以利社稷，恻然自念，思欲效之也。素骄奢者，欲其观古人之恭俭节用，卑以自牧，礼为教本，敬者身基，瞿然自失，敛容抑志也。素鄙吝者，欲其观古人之贵义轻财，少私寡欲，忌盈恶满，赒穷恤匮，赧然悔耻，积而能散也。素暴悍者，欲其观古人之小心黜己，齿弊舌存，含垢藏疾，尊贤容众，苶然沮丧，若不胜衣也。素怯懦者，欲其观古人之达生委命，强毅正直,立言必信,求福不回,勃然奋厉,不可恐慑也。历兹以往,百行皆然。纵不能淳,去泰去甚。学之所知,施无不达。世人读书者,但能言之,不能行之,忠孝无闻,仁义不足。加以断一条讼,不必得其理;宰千户县,不必理其民。问其造屋,不必知楣横而梲竖也;问其为田,不必知稷早而黍迟也。吟啸谈谑,讽咏辞赋,事既优闲,材增迂诞。军国经纶,略无施用。故为武人俗吏所共嗤诋,良由是乎!

夫学者,所以求益耳。见人读数十卷书,便自高大,凌忽长者,轻慢同列。人疾之如仇敌,恶之如鸱枭。如此以学自损,不如无学也。

古之学者为己,以补不足也;今之学者为人,但能说之也。古之学者为人,行道以利世也;今之学者为己,修身以求进也。夫学者,犹种树也,春玩其华,秋登其实。讲论文章,春华也;修身利行,秋实也。

人生小幼,精神专利,长成已后,思虑散逸,固须早教,勿失机也。吾七岁时,诵《灵光殿赋》,至于今日,十年一理,犹不遗忘。二十之外,所诵经书,一月废置,便至荒芜矣。然人有坎壈,失于盛年;犹当晚学,不可自弃。孔子云:"五十以学《易》,可以无大过矣。"魏武、袁遗,老而弥笃。此皆少学而至老不倦也。曾子七十乃学,名闻天下。荀卿五十,始来游学,犹为硕儒。公孙弘四十余,方读《春秋》,以此遂登丞相。朱云亦四十,始学《易》《论语》,皇甫谧二十,始受《孝经》《论语》,皆终成大儒。此并早迷而晚寤也。世人婚冠未学,便称迟暮,因循面墙,亦为愚耳。幼而学者,如日出之光;老而学者,如秉烛夜行,犹贤乎瞑目而无见者也。

学之兴废,随世轻重。汉时贤俊,皆以一经弘圣人之道。上明天时,下该人事,用此致卿相者多矣。末俗已来不复尔。空守章句,但诵师言,施之世务,殆无一可。故士大夫子弟,皆以博涉为贵,不肯专儒。梁朝皇孙以下,总丱之年,必先入学,观其志尚。出身已后,便从文史,略无卒业者。冠冕为此者,则有何胤、刘瓛、明山宾、周舍、朱异、周弘正、贺琛、贺革、萧子政、刘绰等,兼通文史,不徒讲说也。洛阳亦闻崔浩、张伟、刘芳,邺下又见邢子才。此四儒者,虽好经术,亦以才博擅名。如此诸贤,故为上品。以外率多田里闲人,音辞鄙陋,风操蚩拙。相与专固,无所堪能。问一言辄酬数百,责其指归,或无要会。邺下谚云:"博士买驴,书券三纸,未有驴字。"使汝以此为师,令人气塞。孔子曰:"学也,禄在其中矣。"今勤无益之事,恐非业也。夫圣人之书,所以设教,但明练经文,粗通注义,常使言行有得,亦足为人;何必"仲尼居"即须两纸疏义,燕寝讲堂,亦复何在?以此得胜,宁有益乎?光阴可惜,譬诸逝水。当博览机要,以济功业。必能兼美,吾无间焉。

俗间儒士,不涉群书;经纬之外,义疏而已。吾初入邺,与博陵崔文彦交游,尝说《王粲集》中难郑玄《尚书》事。崔转为诸儒道之。始将发口,悬见排蹙,云:"文集只有诗赋铭诔,岂当论经书事乎?且先儒之中,未闻有王粲也。"崔笑而退,竟不以《粲集》示之。魏收之在议曹,与诸博士议宗庙事,引据《汉书》。博士笑曰:"未闻《汉书》得证经术。"收便忿怒,都不复言,取《韦玄成传》掷之而起。博士一夜共披寻之,达明,乃来谢曰:"不谓玄成如此学也。"

夫老庄之书,盖全真养性,不肯以物累己也。故藏名柱史,终蹈流沙；匿迹漆园，卒辞楚相。此任纵之徒耳。何晏、王弼，祖述玄宗，递相夸尚，景附草靡。皆以农、黄之化，在乎己身；周、孔之业，弃之度外。而平叔以党曹爽见诛，触死权之网也；辅嗣以多笑人被疾，陷好胜之阱也。山巨源以蓄积取讥，背多藏厚亡之文也；夏侯玄以才望被戮，无支离拥肿之鉴也。荀奉倩丧妻，神伤而卒，非鼓缶之情也；王夷甫悼子，悲不自胜，异东门之达也。嵇叔夜排俗取祸，岂和光同尘之流也？

郭子玄以倾动专势，宁后身外己之风也？阮嗣宗沉酒荒迷，乖畏途相诫之譬也；谢幼舆赃贿黜削，违弃其余鱼之旨也。彼诸人者，并其领袖，玄宗所归。其余桎梏尘滓之中，颠仆名利之下者，岂可备言乎？直取其清谈雅论，剖玄析微，宾主往复，娱心悦耳，非济世成俗之要也。洎于梁世，兹风复阐。庄、老、周易，总谓三玄。武皇、简文，躬自讲论。周弘正奉赞大猷，化行都邑，学徒千余，实为盛美。元帝在江、荆间，复所爱习。召置学生，亲为教授；废寝忘食，以夜继朝。至乃倦剧愁愤，辄以讲自释。吾时颇预末筵，亲承音旨；性既顽鲁，亦所不好云。

齐孝昭帝侍娄太后疾，容色憔悴，服膳减损。徐之才为灸两穴，帝握拳代痛，爪入掌心，血流满手。后既痊愈，帝寻疾崩，遗诏恨不见太后山陵之事，其天性至孝如彼，不识忌讳如此，良由无学所为。若见古人之讥欲母早死而悲哭之，则不发此言也。孝为百行之首，犹须学以修饰之，况余事乎？

梁元帝尝为吾说：昔在会稽，年始十二，便已好学。时又患疥，手不得拳，膝不得屈。闲斋张葛帱，避蝇独坐。银瓯贮山阴甜酒，时复进之，以自宽痛。率意自读史书，一日二十卷。既未师受，或不识一字，或不解一语，要自重之，不知厌倦。帝子之尊，童稚之逸，尚能如此；况其庶士冀以自达者哉？

古人勤学，有握锥投斧，照雪聚萤，锄则带经，牧则编简，亦为勤笃。梁世彭城刘绮，交州刺史勃之孙。早孤家贫，灯烛难办；常买荻尺寸折之，然明夜读。孝元初出会稽，精选寮宷，绮以才华，为国常侍兼记室，殊蒙礼遇，终于金紫光禄。义阳朱詹，世居江陵，后出扬都。好学、家贫无资，累日不爨。乃时吞纸以实腹。寒无毡被。抱犬而卧。犬亦饥虚，起行盗食，呼之不至，哀声动邻。犹不废业，卒成学士。官至镇南录事参军，为孝元所礼。此乃不可为之事，亦是勤学之一人。东莞臧逢世，年二十余，欲读班固《汉书》，苦假借不久，乃就姊夫刘缓乞丐客刺，书翰纸末，手写一本。军府服其志尚，卒以汉书闻。

齐有宦者内参田鹏鸾，本蛮人也。年十四五，初为阉寺，便知好学。怀袖握书，晓夕讽诵。所居卑末，使役苦辛。时伺间隙，周章询请。每至文林馆，气喘汗流，问书之外，不暇他语。及睹古人节义之事，未尝不感激沉吟久之。吾甚怜爱，倍加开奖。后被赏遇，赐名敬宣，位至侍中开府。后主之奔青州，遣其西出，参伺动静，为周军所获。问齐主何在？绐云："已去，计当出境。"疑其不信，欧捶服之。每折一支，辞色愈厉，竟断四体而卒。蛮夷童卯，犹能以学成忠；齐之将相，比敬宣之奴不若也。

邺平之后，见徙入关。思鲁尝谓吾曰："朝无禄位，家无积财，当肆筋力，以申供养。每被课笃，勤劳经史。未知为子，可得安乎？"吾命之曰："子当以养为心，父当以学为教。使汝弃学徇财，丰吾衣食，食之安得甘？衣之安得暖？若务先王之道，绍家世之业，藜羹缊褐，我自欲之。"

《书》曰："好问则裕。"《礼》云："独学而无友，则孤

附录

陋而寡闻。"盖须切磋相起明也。见有闭门读书,师心自是,稠人广座,谬误差失者多矣。《谷梁传》称公子友与莒挐相搏,左右呼曰孟劳。孟劳者,鲁之宝刀,名亦见《广雅》。近在齐时,有姜仲岳谓:"'孟劳'者,公子左右,姓孟名劳,多力之人,为国所宝。"与吾苦诤。时清河郡守邢峙,当世硕儒,助吾证之,赧然而伏。又《三辅决录》云:"灵帝殿柱题曰:'堂堂乎张,京兆田郎。'"盖引《论语》,偶以四言,目京兆人田凤也。有一才士,乃言:"时张京兆及田郎,二人皆堂堂耳。"闻吾此说,初大惊骇,其后寻媿悔焉。江南有一权贵,读误本《蜀都赋》注,解"蹲鸱、芋也",乃为羊字。人馈"羊"肉,答书云:"损惠蹲鸱。"举朝惊骇,不解事义;久后寻迹,方知如此。元氏之世,在洛京时,有一才学重臣,新得《史记音》,而颇纰谬。误反"颛顼"字,顼当为许录反,错作许缘反。遂谓朝士言:"从来谬音'专旭',当音'专翾'耳。"此人先有高名,翕然信行。期年之后,更有硕儒,苦相究讨,方知误焉。汉书王莽赞云:"紫色蛙声,余分闰位。"谓以伪乱真耳。昔吾尝共人谈书,言及王莽形状。有一俊士,自许史学,名价甚高。乃云:"王莽非直鸱目虎吻,亦紫色蛙声。"又《礼乐志》云:"给太官挏马酒。"李奇注:"以马乳为酒也,撞挏乃成。"二字并从手。撞挏,此谓撞捣挺挏之,今为酪酒亦然。向学士又以为种桐时,太官酿马酒乃熟,其孤陋遂至于此。太山羊肃,亦称学问,读《潘岳赋》"周文弱枝之枣",为杖策之杖;世本"容成造历",以历为碓磨之磨。

谈说制文,援引古昔,必须眼学,勿信耳受。江南间里间,士大夫或不学问,羞为鄙朴。道听途说,强事饰辞。呼征质为周、郑，谓霍乱为博陆；上荆州必称陕西，下扬都言去海郡；言食则糊口，道钱则孔方；问移则楚丘，论婚则宴尔；及王则无不仲宣，语刘则无不公干。凡有一二百件，传相祖述。寻问莫知原由，施安时复失所。庄生有"乘时鹊起"之说，故谢朓诗曰："鹊起登吴台。"吾有一亲表，作七夕诗云："今夜吴台鹊，亦共往填河。"《罗浮山记》云："望平地树如荠。"故戴暠诗云："长安树如荠。"又邺下有一人《咏树诗》云："遥望长安荠。"又尝见谓矜诞为"夸毗"，呼高年为"富有春秋"。皆耳学之过也。

夫文字者，坟籍根本。世之学徒，多不晓字。读《五经》者，是徐邈而非许慎；习赋诵者，言褚诠而忽吕忱；明史记者，专徐、邹而废篆籀；学汉书者，悦应、苏而略《苍》《雅》不知书音是其枝叶，小学乃其宗系。至见服虔、张揖音义则贵之，得通俗、广雅而不屑。一手之中，向背如此，况异代各人乎？

夫学者，贵能博闻也。郡国山川，官位姓族，衣服饮食，器皿制度，皆欲根寻，得其原本。至于文字，忽不经怀；己身姓名，多或乖舛。纵得不误，亦未知所由。近世有人。为子制名，兄弟皆山傍立字，而有名峙者；兄弟皆手傍立字，而有名机者；兄弟皆水傍立字，而有名凝者。名儒硕学，此例甚多。若有知吾钟之不调，一何可笑！吾尝从齐主幸并州，自井陉关入上艾县。东数十里，有猎闾村。后百官受马粮，在晋阳东百余里亢仇城侧，并不识二所本是何地，博求古今，皆未能晓。及检字林、韵集，乃知猎闾是旧鑞余聚，亢仇旧是馒飮亭。悉属上艾。时太原王劭，欲撰乡邑记注，因此二名，闻之大喜。

吾初读《庄子》"螝二首"，《韩非子》曰："虫有螝者，一身两口,争食相龁,遂相杀也。"茫然不识此字何音。逢人辄问,了无解者。案:《尔雅》诸书,蚕蛹名蚘,又非二首两口贪害之物。后见古今字诂,此亦古之虺字。积年凝滞,豁然雾解。

尝游赵州,见柏人城北,有一小水,土人亦不知名。后读城西门徐整碑云:"洦流东指。"众皆不识。吾案说文,此字古魄字也。洦、浅水貌。此水汉来本无名矣,直以浅貌目之,或当即以洦为名乎!

世中书翰,多称勿勿;相承如此,不知所由。或有妄言,此忽忽之残缺耳。案说文:勿者,州里所建之旗也。象其柄及三斿之形,所以趣民事,故匆遽者称为勿勿。

吾在益州,与数人同坐。初晴日晃,见地上小光,问左右:"此是何物?"有一蜀竖就视,答云:"是豆逼耳。"相顾愕然,不知所谓。命取将来,乃小豆也。穷访蜀土,呼粒为逼,时莫之解。吾云:"三苍、说文,此字白下为匕,皆训粒;通俗文音方力反。"众皆欢悟。

愍楚友婿窦如同从河州来,得一青鸟,驯养爱玩,举俗呼之为鹖。吾曰:"鹖出上党,数曾见之,色并黄黑,无驳杂也。故陈思王《鹖赋》云:'扬玄黄之劲羽。'"试检《说文》:"䳜雀似鹖而青,出羌中。"韵集音介,此疑顿释。

梁世有蔡朗者讳纯,既不涉学,遂呼莼为露葵。面墙之徒,递相仿效。承圣中,遣一士大夫聘齐。齐主客郎李恕问梁使曰:"江南有露葵否?"答曰:"露葵是莼,水乡所出。卿今食者,绿葵菜耳。"李亦学问,但不测彼之深浅,乍闻无以核究。

思鲁等姨夫彭城刘灵,尝与吾坐,诸子侍焉。吾问儒行,敏行曰:"凡字与谘议名同音者,其数多少?能尽识乎?"答曰:

"未之究也,请导示之!"吾曰:"凡如此例,不预研检,忽见不识,误以问人,反为无赖所欺,不容易也。"因为说之,得五十许字。诸刘叹曰:"不意乃尔!若遂不知,亦为异事。"

校定书籍,亦何容易!自扬雄、刘向,方称此职耳。观天下书未遍,不得妄下雌黄。或彼以为非,此以为是;或本同末异,或两文皆欠,不可偏信一隅也。

名实第十

名之与实,犹形之与影也。德艺周厚,则名必善焉;容色姝丽,则影必美焉。今不修身而求令名于世者,犹貌甚恶而责妍影于镜也。上士忘名,中士立名,下士窃名。忘名者,体道合德,享鬼神之福佑,非所以求名也。立名者,修身慎行,惧荣观之不显,非所以让名也。窃名者,厚貌深奸,干浮华之虚称,非所以得名也。

人足所履,不过数寸;然而咫尺之途,必颠蹶于崖岸,拱把之梁,每沈溺于川谷者,何哉?为其旁无余地故也。君子之立己,抑亦如之。至诚之言,人未能信;至洁之行,物或致疑。皆由言行声名无余地也。吾每为人所毁,常以此自责。若能开方轨之路,广造舟之航,则仲由之言信,重于登坛之盟;赵熹之降城,贤于折冲之将矣。

吾见世人,清名登而金贝入,信誉显而然诺亏;不知后之矛戟,毁前之干橹也。虑子贱云:"诚于此者形于彼。"人之虚实真伪在乎心,无不见乎迹,但察之未熟耳。一为察之所鉴,巧伪不如拙诚,承之以羞大矣。伯石让卿,王莽辞政,当于尔时,自以巧密,后人书之,留传万代,可为骨寒毛竖也。近有大贵,以孝着声。前后居丧,哀毁踰制,亦足以高于人矣。而尝于苫块之中,以巴豆涂脸,遂使成疮,表哭泣之过。左右童竖,不能掩之,益使外人谓其居处饮食,皆为不信。以一伪丧百诚者,乃贪名不已故也。

有一士族,读书不过二三百卷,天才钝拙,而家世殷厚。雅自矜持,多以酒犊珍玩,交诸名士。甘其饵者,递共吹嘘。朝廷以为文华,亦尝出境聘。东莱王韩晋明,笃好文学;疑彼制作,多非机杼。遂设讌言,面相讨试。竟日欢谐,辞人满席,属音赋韵,命笔为诗。彼造次即成,了非向韵。众客各自沉吟,遂无觉者。韩退叹曰:"果如所量。"韩又尝问曰:"玉珽杼上终葵首,当作何形?"乃答云:"斑头曲圞,势如葵叶耳。"韩既有学,忍笑为吾说之。

治点子弟文章,以为声价,大弊事也。一则不可常继,终露其情;二则学者有凭,益不精励。

邺下有一少年,出为襄国令,颇自勉笃。公事经怀,每加抚恤,以求声誉。凡遣兵役,握手送离,或赍梨枣饼饵,人人赠别。云:"上命相烦,情所不忍;道路饥渴,以此见思。民庶称之,不容于口。及迁为泗州别驾,此费日广,不可常周。一有伪情,触途难继,功绩遂损败矣。

或问曰:"夫神灭形消,遗声余价,亦犹蝉壳蛇皮,兽远鸟迹耳。何预于死者,而圣人以为名教乎?"对曰:"劝也。劝其立名,则获其实。且劝一伯夷,而千万人立清风矣;劝一季札,而千万人立仁风矣;劝一柳下惠,而千万人立贞风矣;劝一史鱼,而千万人立直风矣。故圣人欲其鱼鳞凤翼,杂沓参差,不绝于世,岂不弘哉?四海悠悠,皆慕名者,盖因其情而致其善耳。抑又论之，祖考之嘉名美誉，亦子孙之冕服墙宇也，自古及今，获其庇荫者亦众矣。夫修善立名者，亦犹筑室树果，生则获其利，死则遗其泽。世人汲汲者，不达此意，若其与魂爽俱升，松柏偕茂者，惑矣哉！"

涉务第十一

　　士君子之处世，贵能有益于物耳，不徒高谈虚论，左琴右书，以费人君禄位也。国之用材，大较不过六事：一则朝廷之臣，取其鉴达治体，经纶博雅；二则文史之臣，取其著述宪章，不忘前古；三则军旅之臣，取其断决有谋，强干习事；四则藩屏之臣，取其明练风俗，清白爱民；五则使命之臣，取其识变从宜，不辱君命；六则兴造之臣，取其程功节费，开略有术。此则皆勤学守行者所能辨也。人性有长短，岂责具美于六涂哉？但当皆晓指趣，能守一职，便无愧耳。

　　吾见世中文学之士，品藻古今，若指诸掌。及有试用，多无所堪。居承平之世，不知有丧乱之祸；处庙堂之下，不知有战陈之急；保俸禄之资，不知有耕稼之苦；肆吏民之上，不知有劳役之勤：故难可以应世经务也。晋朝南渡，优借士族；故江南冠带，有才干者，擢为令仆已下，尚书郎中书舍人已上，典掌机要。其余义义之士，多迂诞浮华，不涉世务；纤微过失，又惜行捶楚，所以处于清高：盖护其短也。至于台阁令史、主书监帅、诸王签省，并晓习吏用，济办时须。纵有小人之态，皆可鞭杖肃督，故多见委使：盖用其长也。人每不自量，举世怨梁武帝父子，爱小人而疏士大夫，此亦眼不能见其睫耳。

　　梁世士大夫，皆尚褒衣博带，大冠高履。出则车舆，入则扶侍。郊郭之内，无乘马者。周弘正为宣城王所爱，给一果下马，常服御之，举朝以为放达。至乃尚书郎乘马，则纠劾之。及侯景之乱，肤脆骨柔，不堪行步；体羸气弱，不耐寒暑。坐死仓猝者，往往而然。建康令王复，性既儒雅，未尝乘骑；见马嘶喷陆梁，莫不震慑。乃谓人曰："正是虎，何故名为马乎？"其风俗至此。

古人欲知稼穑之艰难，斯盖贵谷务本之道也。夫食为民天，民非食不生矣。三日不粒，父子不能相存。耕种之，茠鉏之，刈获之，载积之，打拂之，簸扬之，凡几涉手，而入仓廪，安可轻农事而贵末业哉？江南朝士，因晋中兴，南渡江，卒为羁旅。至今八九世，未有力田，悉资俸禄而食耳。假令有者，皆信僮仆为之，未尝目观起一坡土，耘一株苗，不知几月当下，几月当收，安识世间余务乎？故治官则不了，营家则不办，皆优闲之过也。

省事第十二

铭金人云："无多言，多言多败；无多事，多事多患。"至哉斯戒也！能走者夺其翼，善飞者减其指；有角者无上齿，丰后者无前足；盖天道不使物有兼焉也。古人云："多为少善，不如执一；鼯鼠五能，不成伎术。"近世有两人，朗悟士也。性多营综，略无成名。经不足以待问，史不足以讨论，文章无可传于集录，书迹未堪以留爱玩；卜筮射六得三，医药治十差五；音乐在数十人下，弓矢在千百人中。天文、画绘、棋博、鲜卑语，煎胡桃油、炼锡为银，如此之类，略得梗概，皆不通熟。惜乎！以彼神明，若省其异端，当精妙也。

上书陈事，起自战国；逮于两汉，风流弥广。原其体度：攻人主之长短，谏诤之徒也；讦群臣之得失，讼诉之类也；陈国家之利害，对策之伍也；带私情之与夺，游说之俦也。总此四涂，贾诚以求位，鬻言以干禄，或无丝毫之益，而有不省之困。幸而感悟人主，为时所纳；初获不赀之赏，终陷不测之诛：则严助、朱买臣、吾丘寿王、主父偃之类甚众。良史所书，盖取其狂狷一介，论政得失耳；非士君子守法度者所为也。今世所睹，怀瑾瑜而握兰桂者，悉耻为之。守门诣阙，献书言计，率多空薄，高自矜夸。无经略之大体，咸穅秕之微事。十条之中，一不足采。纵合时务，已漏先觉：非谓不知，但患知而不行耳。或被发奸私，面相酬证，事途回穴，翻惧愆尤。人主外护声教，脱加含养。此乃侥幸之徒，不足与比肩也。

谏诤之徒，以正人君之失尔。必在得言之地，当尽匡赞之规，不容苟免偷安，垂头塞耳。至于就养有方，思不出位，干非其任，斯则罪人。故《表记》云："事君远而谏，则谄也；近而不谏，则尸利也。"《论语》曰："未信而谏，人以为谤己也。"

君子当守道崇德，蓄价待时。爵禄不登，信由天命。须求趋竞，不顾羞惭；比较材能，斟量功伐；厉色扬声，东怨西怒。或有劫持宰相瑕疵，而获酬谢；或有宣聒时人视听，求见发遣。以此得官，谓为才力。何异盗食致饱，窃衣取温哉？

世见躁竞得官者，便谓"弗索何获"；不知时运之来，不求亦至也。见静退未遇者，便谓"弗为胡成"；不知风云不与，徒求无益也。凡不求而自得，求而不得者，焉可胜算乎？

齐之季世，多以财货，托附外家，谊动女谒。拜守宰者，印组光华，车骑辉赫，荣兼九族，取贵一时。而为执政所患，随而伺察。既以利得，必以利殆，微染风尘，便乖肃正。坑阱殊深，疮痍未复。纵得免死，莫不破家；然后噬脐，亦复何及？吾自南及北，未尝一言与时人论身份也。不能通达，亦无尤焉。

王子晋云："佐饔得尝，佐斗得伤。"此言为善则预，为恶则去，不欲党人非义之事也。凡损于物，皆无与焉。然而穷鸟入怀，仁人所悯；况死士归我，当弃之乎？伍员之托渔舟，季布之入广柳，孔融之藏张俭，孙嵩之匿赵岐。前代之所贵，而吾之所行也。以此得罪，甘心瞑目。至如郭解之代人报仇，灌夫之横怒求地：游侠之徒，非君子之所为也。如有逆乱之行，得罪于君亲者，又不足恤焉。亲友之迫危难也，家财己力，当无所吝；若横生图计，无理请谒，非吾教也。墨翟之徒，世谓热腹；杨朱之侣，世谓冷肠。肠不可冷，腹不可热，当以仁义为节文尔。

前在修文令曹，有山东学士，与关中太史竞历。凡十余人，纷纭累岁。内史牒付议官平之。吾执论曰："大抵诸儒所争，四分并减分两家耳。历象之要，可以晷景测之。今验其分至薄蚀，则四分疏而减分密。疏者则称：政令有宽猛，运行致盈缩，非算之失也。密者则云：日月有迟速，以术求之，预知其度，无灾祥也。用疏则藏奸而不信，用密则任数而违经。且议官所知，不能精于讼者，以浅裁深，安有肯服？既非格令所司，幸勿当也！"举曹贵贱，咸以为然。有一礼官，耻为此让，苦欲留连，强加考核。机杼既薄，无以测量。还复采访讼人，窥望长短。朝夕聚议，寒暑烦劳。背春涉冬，竟无予夺。怨诮滋生，赧然而退，终为内史所迫。此好名之辱也。

止足第十三

《礼》云："欲不可纵，志不可满。"宇宙可臻其极，情性不知其穷，唯在少欲知足，为立涯限尔。先祖靖侯戒子侄曰：

"汝家书生门户，世无富贵。自今仕宦不可过二千石，婚姻勿贪势家。"吾终身服膺，以为名言也。

天地鬼神之道，皆恶满盈。谦虚冲损，可以免害。人生衣趣以覆寒露，食趣以塞饥乏耳。形骸之内，尚不得奢靡；己身之外，而欲穷骄泰邪？周穆王、秦始皇、汉武帝富有四海，贵为天子，不知纪极，犹自败累，况士庶乎？常以为二十口家，奴婢盛多，不可出二十人；良田十顷，堂室才蔽风雨，车马仅代杖策；蓄财数万，以拟吉凶急速。不啻此者，以义散之；不至此者，勿非道求之。

仕宦称泰，不过处在中品。前望五十人，后顾五十人，足以免耻辱，无倾危也。高此者便当罢谢，偃仰私庭。吾近为黄门郎，已可收退。当时羁旅，惧罹谤讟；思为此计，仅未暇尔。自丧乱已来，见因托风云，傲倖富贵，且执机权，夜填坑谷，朔欢卓、郑，晦泣颜、原者，非十人五人也。慎之哉！慎之哉！